博物馆里看文明

CIVILIZATION IN MUSEUM

图解中国建筑

CHINESE ARCHITECTURE

梁昊 著

欧阳星等 绘

電子工業出版社

Publishing House of Electronics Industry

北京·BEIJING

推荐序·从中国建筑看中华文明

我国是世界著名的文明古国，也是世界重要文明的发源地，有着五千多年的可考文明史。在漫漫的历史长河中，传承绵延留下了灿烂辉煌、内容丰富的文化遗产，其中从古至今历代留传下来的建筑遗存是其重要的组成部分。遍布华夏大地数量众多的建筑文化遗存和近现代优秀建筑实例，既是中华文明的物质空间载体，又是物化文明的空间实存，具有宝贵的历史文化价值和世界遗产价值。

“博物馆里看文明”立意高远，视角独特，以时空穿越式的现代思维和多元立体的空间维度，把博物馆空间扩展推广到传统的博物馆空间范围之外，把博览展示内容由过去的出土器物、古董字画、专类藏品等可移动文物发展外延至古遗址、石窟寺、历史建筑和古典园林等不可移动的重要历史文化遗存。其实我国不少建筑类文化遗存因其规模宏大、构成丰富，本身就成为了实物遗存类的博物馆，如北京故宫博物院等。

“图解中国建筑”从史前聚落、宫殿、民居、石窟、园林直至现代公共建筑，择录重要案例作了简明、清晰的科普式图文表述与形象展现。文字简练流畅，言之有据，绘图大气豪放，历史感强。文字对所录案例作了历史背景、建筑特点、细部装饰等细致深入的描述与分析；相应图件与文字配合密切，图文效果相得益彰。“图解中国建筑”起到了博物馆展示的相似作用，达到了“博物馆里看文明”的策划目标与效果。

“图解中国建筑”所选类别与案例，不仅有狭义的建筑，还包含了聚落和园林，体现了中国建筑几千年来发展演变的脉络与梗概，透射出中国建筑的人居环境智慧和建筑文化精神。

放眼看来，整个中华大地就是中华文明的巨大博物馆，而星罗棋布的中国建筑就是中华文明的千秋载体。《博物馆里看文明：图解中国建筑》一书的策划、编著、出版，对弘扬中华文明，科普中国建筑具有积极的意义，谨此为序。

西南交通大学建筑学院原院长、中国建筑学会第十届理事
张先进

作者序

2006年，我考入中央美术学院建筑学院开始接受建筑教育，从那时起就对建筑产生了浓厚的兴趣。我认为本科阶段的建筑教育更像是一种“导览”似的引领，让学生有机会以整个世界为视野开始了解建筑学，这种教学特色为学生个人的发展提供了足够的空间和丰富的可能性。在研究生阶段我选择去北欧的挪威探究有关建筑与自然的一些本质思考。在挪威的第一个学期的第一门课是“挪威建筑史”，和国内的教学所不同的是，这门课既没有固定的教室也没有固定的教材，而是每节课都要去到一座具体的建筑，在其中漫游，听老师讲解，有时候为了看一座建筑甚至需要乘大巴或者火车到几百千米之外的地方。这门课的内容和教学方式让我开始对挪威的传统木构建筑和其发展产生了一些很直观的认识。可能是由于地理条件恶劣，挪威建筑的发展始终保持着“朴素”的特质，并没有追赶所谓的建筑潮流，而是按照本身所处的自然和气候特点来建造房屋。在挪威，“标志性”似乎从来都不是一座建筑所追求的目标，空间的舒适性、与场地环境的契合度、建造方式的合理性是他们思考建筑的核心要素。

在经过了7年的建筑学习后，我迫不及待地想开始设计并建造真实的房子，因此，在研究生毕业后我马上回到了国内，在北京市建筑设计研究院有限公司开始建筑设计实践。在此后的8年中，我作为主要负责人设计了几座建筑并最终建成，终于体会到了一种作为建筑师的成就感。但是，也正因深度参与一线的建筑设计，我积累了很多有待解答的疑问。这些疑问总体是关于中国传统建筑技术和文化在现代社会应如何延续，以及在我国城市化发展极为迅猛的大环境下，怎样建立一种尽量贴近建筑本质的设计方法。

带着这些思考，在2021年夏天，我有幸进入中国美术学院建筑艺术学院攻读设计学博士学位。当电子工业出版社的编辑王薪茜向我邀约关于中国建筑的选题时，我在很短的时间内就确定了这本书的总体构思，希望这本书能客观地展现中国本土建筑的一种宏大视野和发展脉络。同时，我也把这本书看作自己重新梳理中国传统建筑体系的一个宝贵的机会。

中国幅员辽阔、历史悠久，远古先人在与自然的共存过程中创造出了适应地理环境的生存空间。而在之后数千年的发展中，原始的那种最基本的栖居空间逐渐发展并形成了极为科学和完善的一种建筑体系。在这个总的体系中，由于建筑所处环境和所需功能的不同，又衍生出了若干分支脉络。由于能力所限，我无法将这个庞大的建筑体系进行细致介绍，只能选取其中的代表来尽量为读者展现一个具有思考力的整体图景。本书按照中国土地之上出现过的建筑类型作为单元，整体编排上大致按照建筑年代的顺序进行介绍，依次为聚落、殿、阁、窟、塔、园和现代公共建筑。从远古聚落到20世纪的现代建筑，从乡村住宅到皇城宫殿，从日常起居空间到神圣宗教遗迹，我尝试通过图文为读者展现中国传统建筑的一种似乎不是特别清晰的发展脉络和前后关联，也希望将这些建筑所体现出的结构、空间和功能的巨大差异，为读者还原一个尽量客观、最接近真实的中国传统建筑的大致面貌。这种写作思路，在众多关于中国传统建筑的图书中，应算作一个创新点。

众所周知，中国传统建筑以木构为最大的特征，可以说在大众的印象中，中国传统建筑就等于木构建筑，我认为这种认识并没有错误，但是不全面。在我国西北、中原或者江南等各个地区，地理条件和社会状态的差别孕育了非常多样的建筑类型，我认为这些不同的建筑理应统统纳入中国传统建筑的广义范畴之内。因此，本书除了包含木构建筑，也特意将石窟、园林和经典的现代公共建筑纳入进来。这些不同类型的建筑，各有特色，有些甚至是现代建筑的重要灵感来源。比如石窟，它是记录我国和异域进行文化交流的一种载体空间，在全国各地都有分布，有些石窟，不仅有雕像，还通过壁画和所藏文献记录了历史，石窟洞穴式的空间特点，也影响了很多我国和西方的现代建筑师，为他们的创作带来了灵感。再如园林，在我国建筑体系中，园林的重要性可与木构建筑相提并论，园林的建造思想与我国传统山水画中展现的人文思想是一脉相承的，都是关于一种生活的情趣和人与自然的相处之道，在古人的价值体系中，环境要比建筑重要得多。又如现代公共建筑，为了贴近读者，我选取的是20世纪50–60年代在北京集中建设的一批公共建筑，当时的建筑前辈对材料、规划和尺度的把握是极为准确的，这些建筑在今天看来，仍然具有极高的品质，很难被超越，基本已成为城市的象征和符号。最为重要的是，这些建筑如今还在正常地发挥功能，始终没有离开人们的日常生活，也没有因年代久远而被社会淘汰。随着写作的深入，我越来越感觉到我国传统建筑的博大，即使尽量多地收集不同的建筑类型，本书的内容相对于中国传统建筑的丰富性来说，也基本属于一个残缺的片段。书中难免存在遗漏和不足，欢迎读者指正，共同交流进步。

在本书的策划、选题、绘图、编写过程中，我得到了数位老师的协助，他们严谨、专业、细致、耐心、不计回报，使本书得以顺利出版。在此真心感谢中央美术学院校友、北京重美术馆馆长欧阳星老师，何世伟老师对本书插图的高水准的用心创作，也诚心感谢应居辰、李萌萌、牛心童对相关资料的收集整理和建筑技术图纸的绘制。同时，对电子工业出版社的编辑王薪茜在本书出版过程中的专业帮助和务实指导也表示衷心的感谢！

梁昊

绘者序

中国建筑历史悠久，延续了几千年，从宏伟的皇家宫殿到雅致的文人园林，从壮丽的古代寺庙到精巧的传统民居，每一座建筑都透露出中国人民的智慧和对自然与宇宙的独特理解。中国建筑注重和谐与平衡，融入自然景观，追求宇宙间的秩序和万物间的和谐统一，这种独特的审美观念贯穿了整个中国建筑的发展过程，这不仅仅是物质结构的组合，更是中国文化哲学思想的体现和传承。

作为一个画家，在绘制这些建筑插图时，我努力平衡画面的绘画性和实用图示性，我希望画作既能展现建筑本身严谨的结构比例关系，又能呈现出中国建筑的美感，让读者能够感受到中国建筑的独特魅力，并对其历史和文化有更深入的了解。

本书能顺利出版，要特别感谢电子工业出版社的信任和支持，感谢梁昊老师的专业把控，以及丁静老师、何世伟老师的倾力付出。希望这本书能够帮助读者了解中国建筑，感受中国建筑的智慧和美感。

参与本书插图绘制的有：

欧阳星（良渚古城遗址及文物、皖南民居、北京民居、太和门广场、太和门、故宫三大殿、太和殿及相关单体雕塑、脊兽、古建筑屋顶样式、历代木构殿堂平面及列柱、祈年殿、佛光寺东大殿、历代木结构殿堂外观演变、独乐寺山门独乐寺匾额、莫高窟、龙门石窟、麦积山石窟、大足石刻、佛宫寺释迦塔、崇圣寺三塔）

丁静（西安半坡遗址、南禅寺大殿、观音阁、六和塔、狮子林、人民大会堂、中国美术馆、北京电报大楼）

何世伟（福建土楼、西湖、中国国家博物馆、北京站）

李萌萌 牛心童 （沧浪亭）

梁昊 应居晨（建筑三视图）

编辑寄语·博物馆里看文明

了解中华文明，才能读懂中国。

世界文明星星点点，灿若星河，而中华文明以其连续性，独树一帜。中国是拥有悠久历史和光辉灿烂文化的文明古国，五千年的文明宛如一条波澜壮阔的长河一路奔涌，浩浩荡荡，生生不息。文明或许是抽象的，它涵盖着方方面面，上至统治的威严礼仪，下至生活的点点滴滴。我们很难用三言两语说清文明到底是什么，但是，当我们置身于宫殿庙宇、置身于某处遗址时，当我们驻足于各类各样的博物馆时，文明却又那样具体和实在。

想要了解中华文明，博物馆是最好的课堂，它珍藏着中华民族最珍贵的记忆，以实物默默地为我们讲述中国故事，传播中华文明。

博物馆或许是一个大而广的概念，在“博物馆里看文明”系列图书中，我们想为大家打造一个开放式的、海纳百川的博物馆概念，我们遴选出“最中国”的文化题材，包括中国建筑、中国服饰、中国园林、传世珍宝、中国家具等主题，再现最美中国文化。同时采用插图实景手绘的艺术表现方式，让每一个细节都充满着厚重的历史感与鲜活的生命力，为大家立体展现伟大艺术杰作在上下五千年中所串联起的巍巍中华文明。

巍峨的建筑、精妙的壁画、墨绿的铜锈、隽永的墨迹，还有那些百年、千年乃至万年的串珠首饰，那些绣着蟠龙凤凰的华丽服饰等，都饱藏着中国人对宇宙、对世界、对自然的独特理解。每一件文物的背后，都反映着中国人对生活、审美、秩序和人生价值的深刻感受。我们可以想象，文明星河的赓续，在跨越多少春秋、背负多少沧桑、历经多少努力后，它们才来到今天，我们才看见它们。

今天，我们站在了新的历史起点，有目光所及上下五千年的远见，更有矢志民族复兴伟业的担当。当我们怀揣着深厚的家国情怀与深沉的历史意识，从新时代的新征程去端详中华文明，中华文明的未来不仅有历史坐标，还有未来宏图。历史和文明的延续，必将日日新，又日新。

发展脉络

新石器时代
约从一万多年前开始，到 5000 多年至 4000 多年前结束
（萌芽）

干阑式住宅——河姆渡遗址

城市雏形——良渚遗址

洞穴聚落和木骨泥墙——半坡遗址

夏商周
约公元前 2070 年—公元前 256 年
（初步成型）

夏

发明夯土技术

西周

夯土台基和墙壁

+

木构草顶

+

院落式格局雏形

春秋战国

城市初步形成方格网格局并产生宫城、居民区和商业区等功能分区

秦汉三国晋南北朝
公元前 221 年—589 年
（基本定型）

秦

在咸阳建立规模庞大的都城

秦始皇陵

西汉

我国建筑发展的第一个高峰

西汉长安城

+

高度对称式建筑群出现

东汉

东汉洛阳城

+

木结构的体系基本成型，可以建造更高更大的房屋

+

砖石建筑繁盛

三国晋南北朝

曹魏邺城

我国第一个轮廓方正、分区明确、有明显中轴线的都城

+

随佛教传入而大建佛寺

+

塔和石窟极速发展

隋唐五代宋辽 581 年—1279 年 （成熟鼎盛）	元明清 1206 年—1911 年 （继续发展）	现代 1949 年至今 （探索前进）
隋 隋大兴城 我国古代规模最大、功能最完善的城市 唐 唐长安城 + 长安大明宫、洛阳明堂 + 私人宅院开始配属园林 + 木结构规模宏大 + 南禅寺大殿、佛光寺东大殿 + 楼阁式和密檐式塔 宋 开放型街巷制的城市 + 《营造法式》 + 南宋园林发展 辽 独乐寺观音阁和山门 + 佛宫寺释迦塔	元 元大都 中国古代最后一座按规划完全新建的都城，也是唯一按街巷制创建的开放式都城 明 北京城 长约 7.8 千米的南北中轴线 + 故宫、天坛 + 南方造园之风盛行 《园冶》 清 《工部工程做法》 + 南北方造园达到鼎盛 + 北京三山五园 自明清以来，建筑风格由开朗宏大转为拘谨细致，结构构件由真实表现转为过分装饰	社会剧变，人们的生活方式也随之改变，建筑作为载体，也必须开始推陈出新。在此阶段我国本土建筑的发展以第一代留美建筑师回国后的创作为代表，开始探索民族形式与现代功能之间可能的关联，新中国成立后的 10 大建筑是最经典的案例

塔

园林

现代公共建筑

目录

为使读者形成对中国传统建筑系统性的印象，本书从史前遗迹循序展开。我国领土幅员辽阔，不同地域存在不同地理气候特点，也孕育了不同的生活方式和与之相对应的建筑体系。本章作为全书的开篇，所要介绍的是史前聚落。

位于陕西西安浐河东岸的半坡遗址，作为仰韶聚落的一部分，距今6000多年，从现存的空间范式来说，依稀可以看到关于中国传统建筑的雏形。

史前聚落

西安半坡遗址

半坡遗址是一个完整的远古人类的生活聚落，遗迹包含居住区、制陶作坊区和墓葬区。其中居住建筑以大小不一的“土坑”为主，“土坑”就是当时人们的居所，这些“土坑”以一种向心位置逻辑组合形成整体，外围被一条壕沟所保护。这种布局有点类似中国传统的城墙和城市的关系。至于单个“土坑”的建筑特点，从刘敦桢先生的研究来看，在现存的半坡遗址中，有早期和晚期的两种建筑遗存。

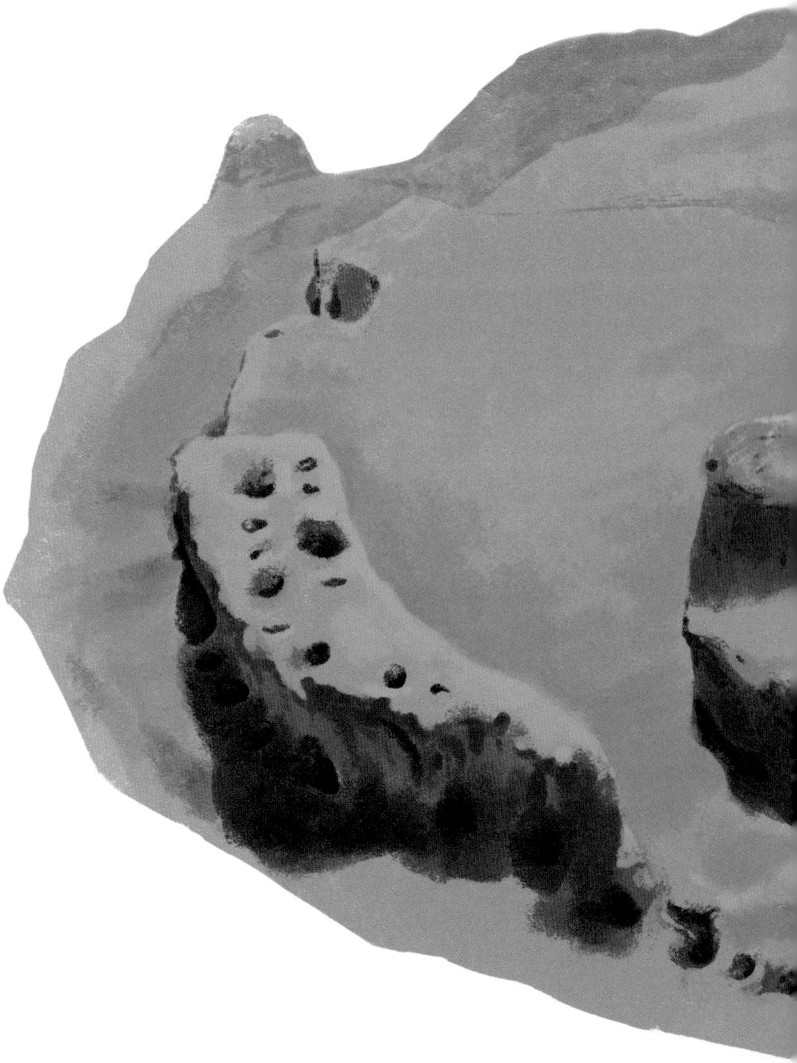

在早期的遗存中，以较小的圆形和椭圆形“土坑”为主，存在不完整的墙壁遗迹，但据推测，墙壁应该不是很高。而晚期的遗存，在建筑规模和形式上则有了较大的发展，产生了方形的房屋，从平面中可以看到有柱洞、灶台和生活空间，而且房屋被1米厚的土墙所围合。

这些遗迹表明，晚期的半坡聚落，在生活和生产方式上，较早期有了明显的进步。因此，当时人们所需要的建筑也顺应其生活的变化，开始逐渐有了中国传统建筑的雏形。

总的来说，在半坡遗址中可以清晰地看到中国传统建筑发展最早期的形态。随着生产力的进步和生活方式的改变，人类的生活空间从地下的洞穴逐渐发展为地上的建筑，建筑功能从原始的圆形土坑演变为方形的功能齐全的房屋，建筑结构从简易的不规则的木骨泥墙蜕变为规则的、稳定的木框架体系。

在半坡遗址中，可以看到我国中原地区新石器时代人类的生活方式，从而理解相对应的建筑形式产生的原因。更有价值的是，这些看起来模糊的遗迹，却能使我们看到一个清晰的传统。

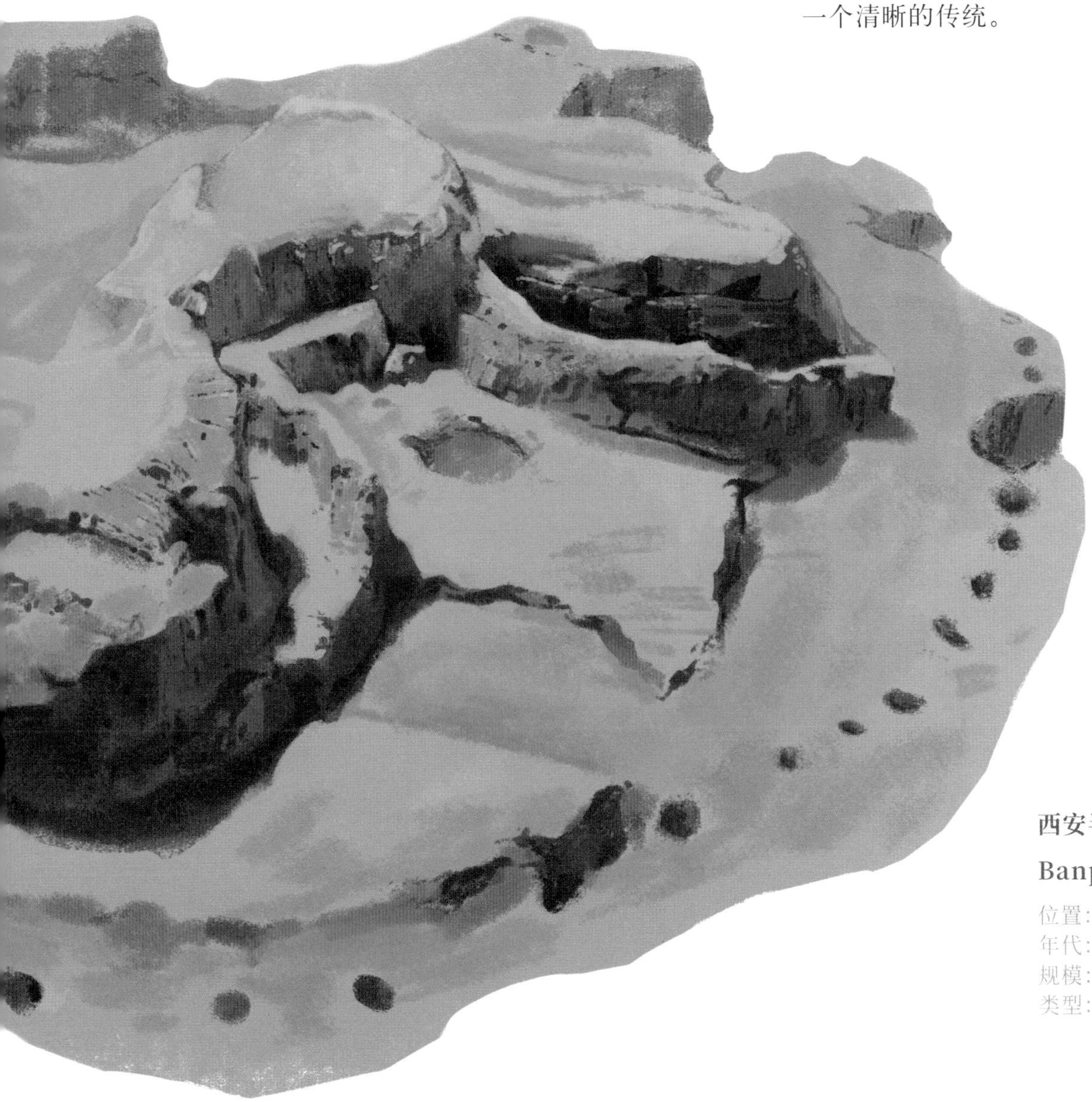

西安半坡遗址

Banpo Ruins of Xi'an

位置：陕西省西安市浐河东岸半坡村
年代：新石器时代
规模：发掘遗址面积约1万平方米
类型：史前聚落

良渚古城遗址

在数千年前，地球北纬 30° 地区气候宜人，土壤肥沃，水资源丰富，非常适合人类的繁衍生息，因此被称作世界古老文明的摇篮。

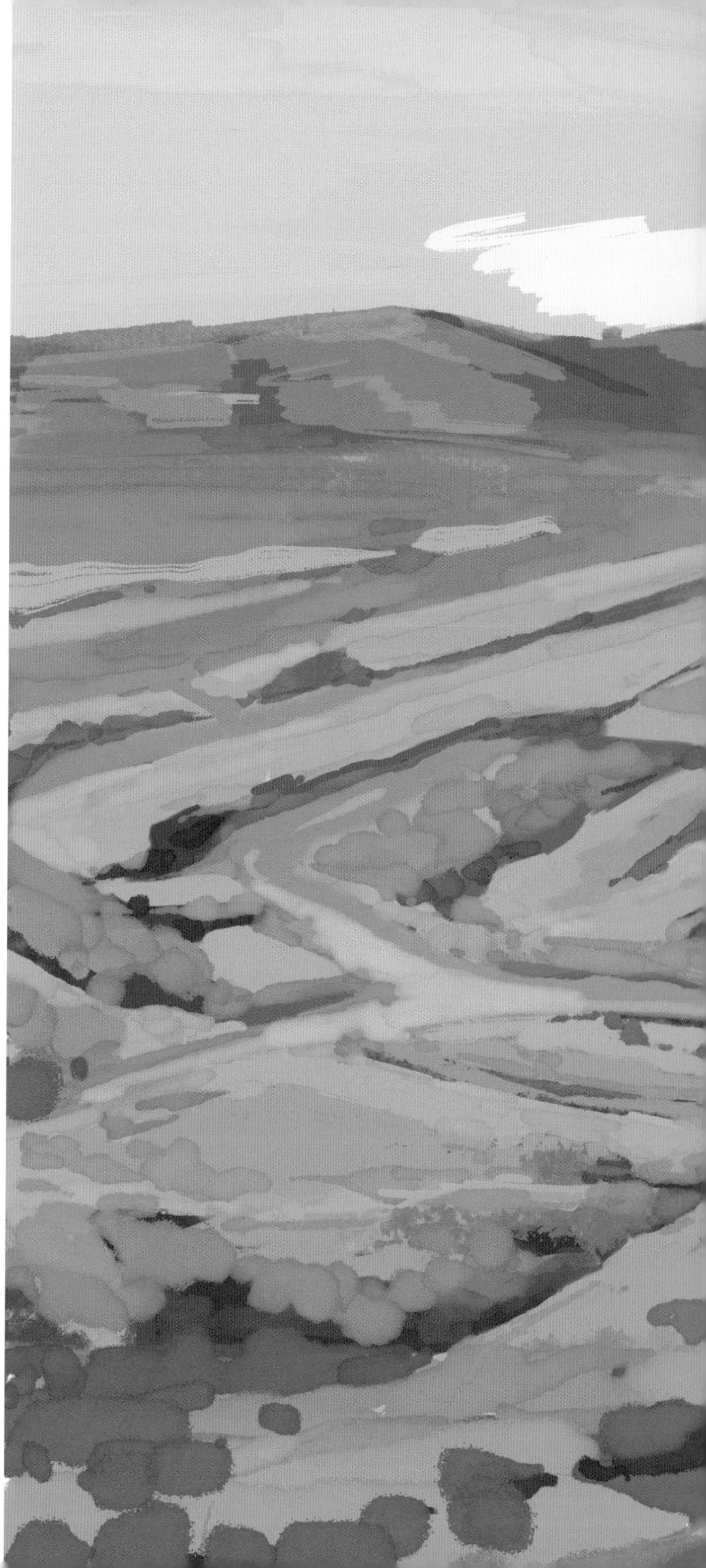

历史价值

在 30 年前，提起我国古老文明的发源地，基本是围绕黄河流域来说的，其以河南安阳殷墟为代表，而江南地区还被视作荒蛮之地。但是，近 30 年来，随着我国学者开始对良渚古城遗址进行更深入全面的考古，发现了玉器、古城等有关人类生活的直接遗迹，不仅将江南地区重新并入我国史前文明的版图，而且据良渚的考古成果显示，在公元前 3300 年至公元前 2300 年之间，这一地区的农业和科技曾达到过极为发达的程度，丝毫不亚于黄河流域的各种远古文明。

玉冠

玉钺

良渚古城遗址

Archaeological Ruins of Liangzhu City

位置：浙江杭州西北郊良渚
年代：公元前3300年至公元前2300年
类型：史前文明

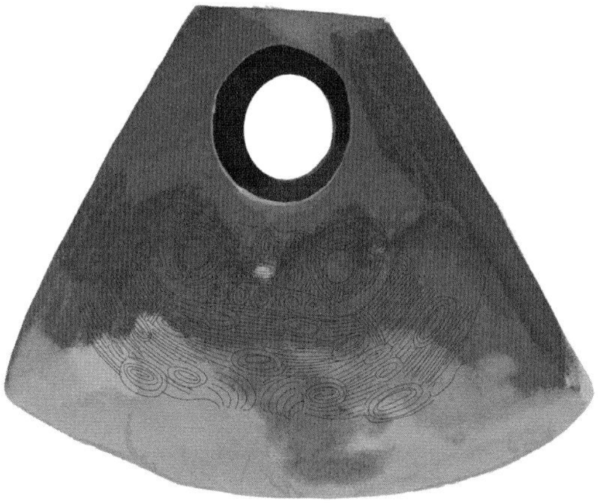

兽面纹玉钺

玉璧

考古过程

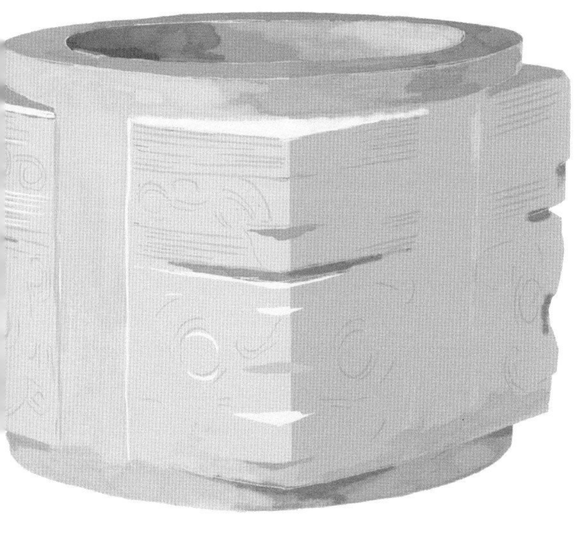

玉琮

良渚位于浙江杭州城西北，属于环太湖水系的分支地区。1936年前后，良渚地区发现的零散陶片和碎石器开始进入考古学家、历史学家卫聚贤的视线，并最早开始了对这个地区的考古活动和相关研究。很快，在卫聚贤的影响下，又有几位年轻学者进入良渚踏访，并在民间收集了若干陶器、石器，如戈、铲、镰等。

后来，在西湖博物馆的支持下，由学者施昕更主持了对良渚的第一次考古发掘，并完成了《良渚——杭县第二区黑陶文化遗址初步报告》一书，明确将我国史前文明的范围扩大到了江浙一带。后因社会动荡，对良渚的考古基本停滞，直到 1980 年前后，才再次展开，随后发现了玉器“玉琮和玉钺”。2007 年，浙江省考古研究所在杭州向世界宣布，在良渚核心区发现了面积达 290 万平方米的古城遗址，良渚文明彻底轰动世界。2019 年，良渚古城遗址被列入世界文化遗产名录。

良渚古城的特点

良渚古城的地理位置和环境决定了其城池必然与众不同。

（1）不同之处首先在于对水系的利用。良渚位于长江中下游环太湖流域，北临山地，地势平坦，水网极为丰富，良渚的先人不仅围绕水系修堤筑坝，灌溉农田，同时也利用水系作为安保的一部分，抵御北方山区的洪水，拱卫城池。有学者对良渚的水利设施进行碳14测年，发现水坝基本都建于距今5000年左右，可见那时的人们已经掌握“治水即治国”的自然法则。

（2）其次，良渚文明的发展繁荣也得益于城墙的守护。在良渚核心区290万平方米的王城四周，由石头和土筑起了一道东西长约1.5千米，南北长约1.8千米的圆角长方形城墙，百姓也因此得以发展农商，安居乐业。

（3）依托水系和城墙作为基础，良渚古城最终形成了以宫殿、民居、农田为分区的最早的城市格局，在城内的最中间区域，是30万平方米的莫角山宫殿区，考古发现了台基和建筑基础，且排列有序，殿在高台之上的传统在良渚时期就已形成并一直延续至今。在宫殿外围，依靠肥沃富饶的土地，形成民居与农田。不知道良渚文明的这种“天下之中”的城市格局，是否就是我国传统人文思想中“尊重自然”这一核心要义的原始启蒙。

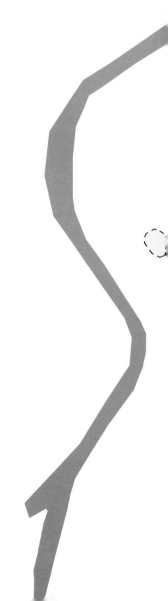

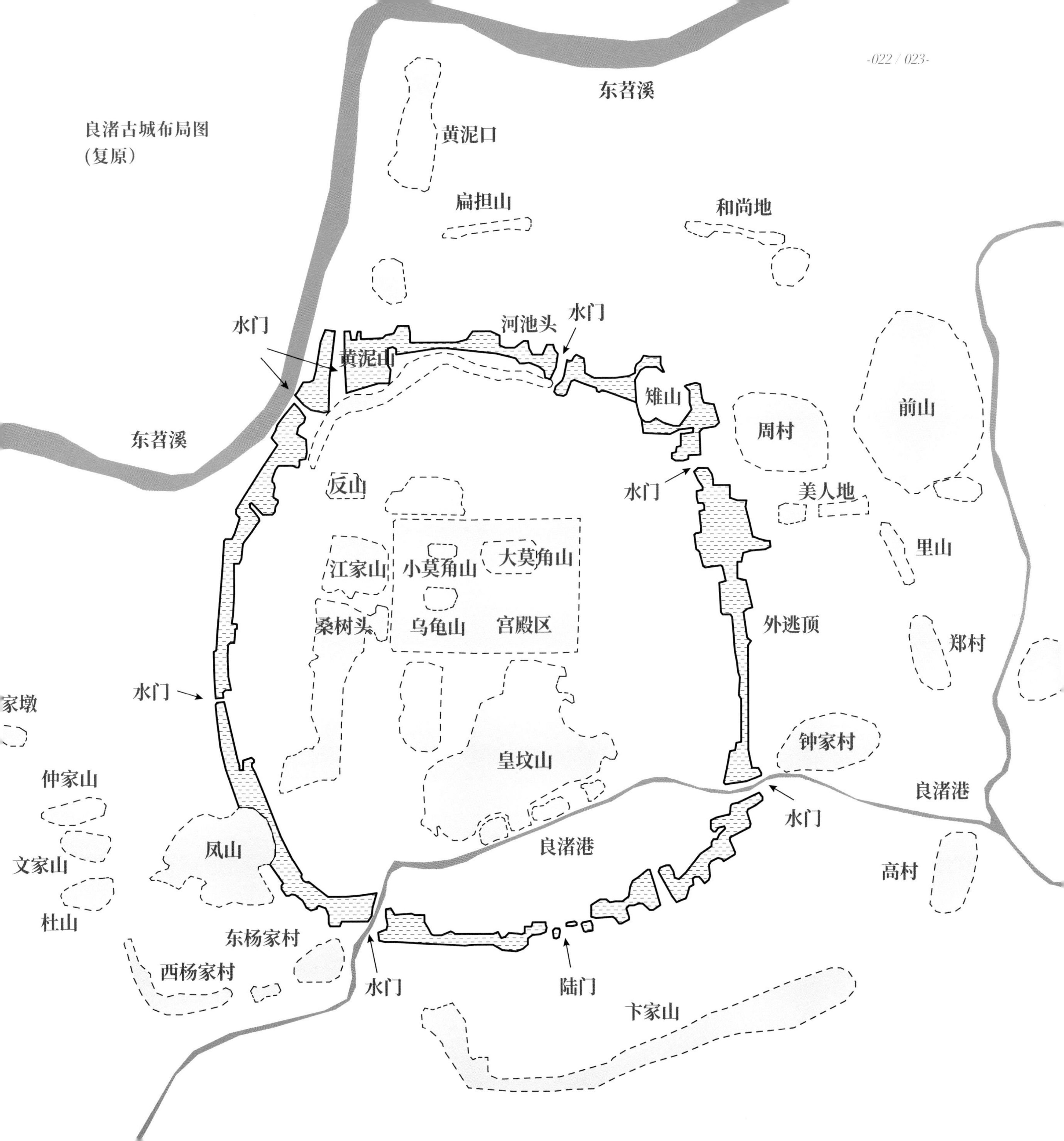
东苕溪
良渚古城布局图
(复原)
黄泥口
扁担山
和尚地
水门
河池头
水门
黄泥山
雉山
前山
周村
东苕溪
反山
水门
美人地
江家山
小莫角山
大莫角山
里山
桑树头
乌龟山
宫殿区
外逃顶
郑村
水门
家墩
钟家村
皇坟山
仲家山
良渚港
水门
凤山
良渚港
文家山
高村
杜山
东杨家村
西杨家村
水门
陆门
卞家山

在中国传统建筑体系中，民居是和普通人的日常生活关系最紧密的一类建筑。而中国人一般都以家族为单位，世代在一块土地上繁衍栖居，因此，民居往往以聚落的方式存在。在我国广阔的土地上，不同气候不同地区孕育了不同的民居类型，本章选取皖南、福建和北京三个地区的极具外形与空间特点的民居进行介绍。

民居

皖南民居

在我国，经典的传统建筑，往往都与各地的气候和文化紧密相连，皖南民居是其中的代表。在皖南村落中漫游，会发现建筑几乎没有向外开的窗，只有一扇小门与外界相连。简洁的外部衬托了极为丰富的内部，走进建筑内部，有若干庭院串联建筑空间，庭院四周的照壁和坡顶为深邃的起居空间带来了天朗气清和四水归堂。皖南民居的庭院，是建筑的核心。这种低调质朴、尊重自然的美学，是中国传统建筑所追求的核心精神。

皖南民居

Folk Houses in Southern Anhui

位置：主要分布在安徽长江以南山区地带，在江西北部和浙江西部也有少量分布
年代：明清和中华民国
类型：传统民居和聚落

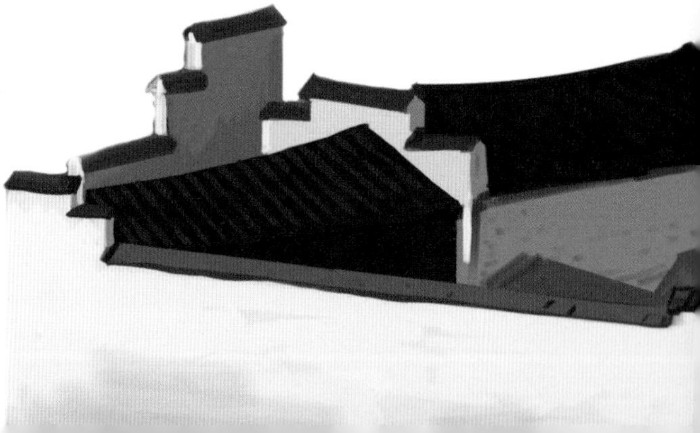

皖南民居的聚落布局

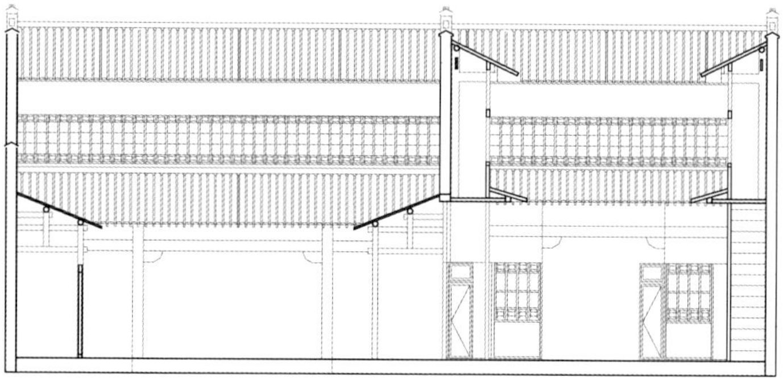

除了建筑内部的精彩，皖南民居在聚落形态上也令人惊叹。皖南聚落往往依山而栖，依水而生，规划极为科学合理。以西递村为例，整个村落夹在两山之间，顺应自然空间收放起伏，村口狭窄，村内宽阔，整个村落呈船形布局，安全可靠。自然水渠顺着道路贯穿整个村落，几乎家家门前有活水，以满足日常生活的需要。村口的明经湖连通村内水系与外部河流。整个聚落规划不仅顺应自然，也利用自然为村民的生活带来便利。

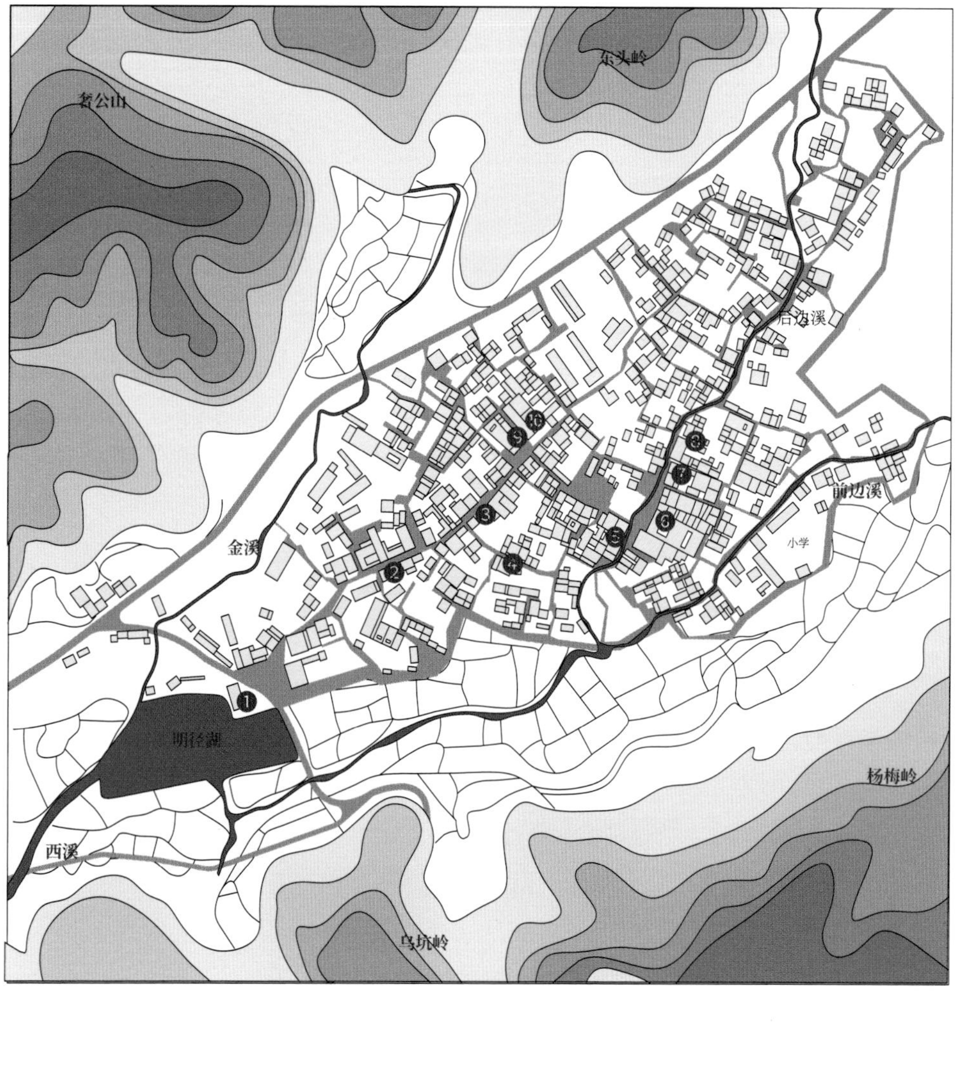

西递村平面图

1. 胡文光刺史坊
2. 旷古斋
3. 瑞玉庭
4. 桃李园
5. 东园
6. 敬爱堂
7. 青云轩
8. 仰高堂
9. 追慕堂
10. 迪吉堂

宏村平面图

1. 南湖书院
2. 老油坊
3. 务本堂
4. 冒华居
5. 乐贤堂
6. 致厚堂
7. 承志堂
8. 德义堂
9. 树人堂
10. 碧园

皖南民居的建筑特点

皖南民居在外观上给人印象最深的是错落有致的白墙和灰瓦。实际上，白墙和灰瓦分隔了建筑单元，这种形制的产生不仅仅出于美学目的，更与防火息息相关。单元内的建筑以木结构为框架，辅以一些雕刻和门窗。

皖南地区自古商业发达，并不依赖传统的农耕，因此不管是单个建筑还是聚落，都很注重雕梁画栋和盆景漏窗类的装饰，显示了当地人的一种比较富足的生活状态。个体的殷实和宗族的发达相辅相成，也造就了皖南民居在建筑上的人文与优雅。除了以上介绍的几个方面，皖南民居还有很多精彩的内容，比如位于每个村子中心的祠堂、村口的牌楼、每户厅堂的陈设所体现的传统礼仪等。所有这些与建筑有关的片段，都可以让我们感受到这个地区曾经的勤勉进取与宗族辉煌。

福建土楼

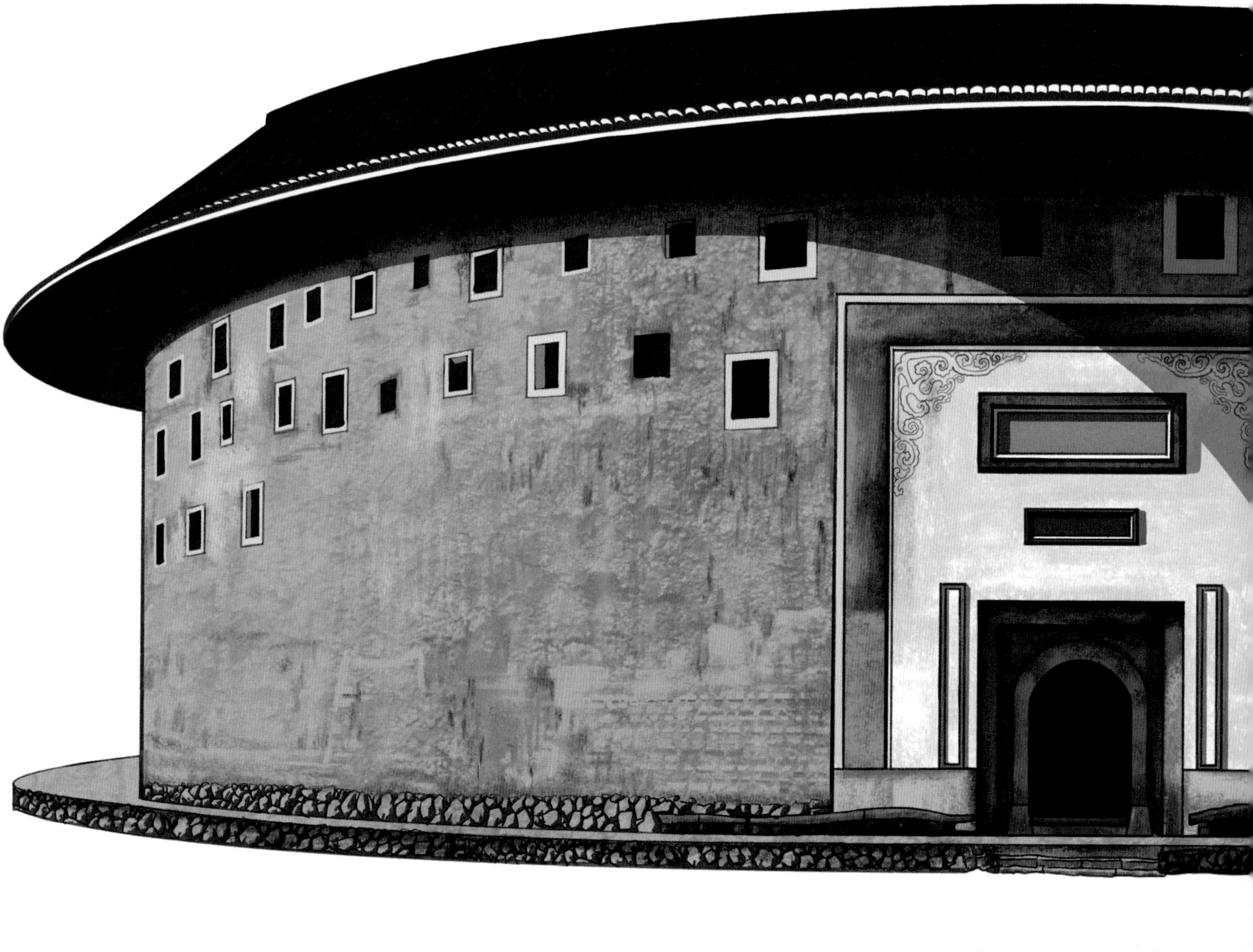

在外观上，福建土楼似乎不具备中国传统建筑的一些常见特点，比如矩形的院落，整体看上去像是密不透风、抵御侵略的碉堡。而实际上，分布于中国东南边陲山区的这种建筑类型，确实是因常年面对民族矛盾和社会动荡，为保证家族的安全而发明建造的一种特殊的具有防御性的宗族建筑。其实，这种因地制宜的建造和由此产生的差异性，恰恰是中国传统建筑中的重要思想之一。进一步分析，土楼的因地制宜，体现在了很多方面。

屋顶：土楼的顶上是由瓦片铺就的屋顶和宽大的悬垂屋檐。

窗户:土楼窗户皆为方形，特点是内宽外窄。这样的设计既可以防止外敌爬进来，起到防御功能，又便于透气通风。

土楼的建筑特点

以土为材料：建造土楼的主要材料是夯土，这在中国南方地区的民居中比较常见。土中掺入砂石、竹条增加稳定性，也可以重复利用，废弃后可完全回归土地，不对环境造成任何破坏。夯土墙也便于增加厚度，抵御外患，同时，土这种材料本身具有透气性，可以调节建筑内部空间的温度和湿度。这种调节空气的功能，帮助人们适应了中国南方潮湿多雨的气候特点。

灵活多变的几何形态：土楼的形制有很多，有圆楼、方楼、五凤楼等。其实也都是以院落为核心组成各种几何形状，只是和其他民居建筑中的院落相比，土楼的院子要大得多，目的是保证整个建筑大到足够容得下整个宗族在此安全地生活。因此，也可以这样理解，一座土楼就是一个村落。

夯土在中国南方地区的民居中比较常见。人们在土中掺入砂石、竹条来增加其稳定性。

土楼是一个环绕着一个中心的开放式庭院，其建造是为了起到防御目的，因此只在第一层设置一个出入口。

平面秩序和功能分区：土楼的布局也遵循中国传统建筑的一些基本原则，比如中轴对称，土楼的中轴线上分布着大门、天井、大厅、祖堂等重要公共空间，周围主体则是普通的居住空间；比如对周围环境的尊重，虽然和其他类型的民居比起来，土楼更加独立和自成一体，但在具体的选址上，也同样需要临近水系、向阳背风和视野开阔；再比如功能的垂直分布，土楼一般为多层建筑，底层多为厨房餐厅，中层为仓库，顶层为卧室。这种垂直式的空间分布，源于中国南方的干栏式住宅，为了防止潮湿的环境和野兽的侵袭，将人的起居空间抬高，底层只作为辅助空间使用。

总的来看，在形式上，福建土楼与中国传统建筑的区别很大，但在建筑产生和运行的逻辑上，与中国传统建筑依旧是一脉相承的。

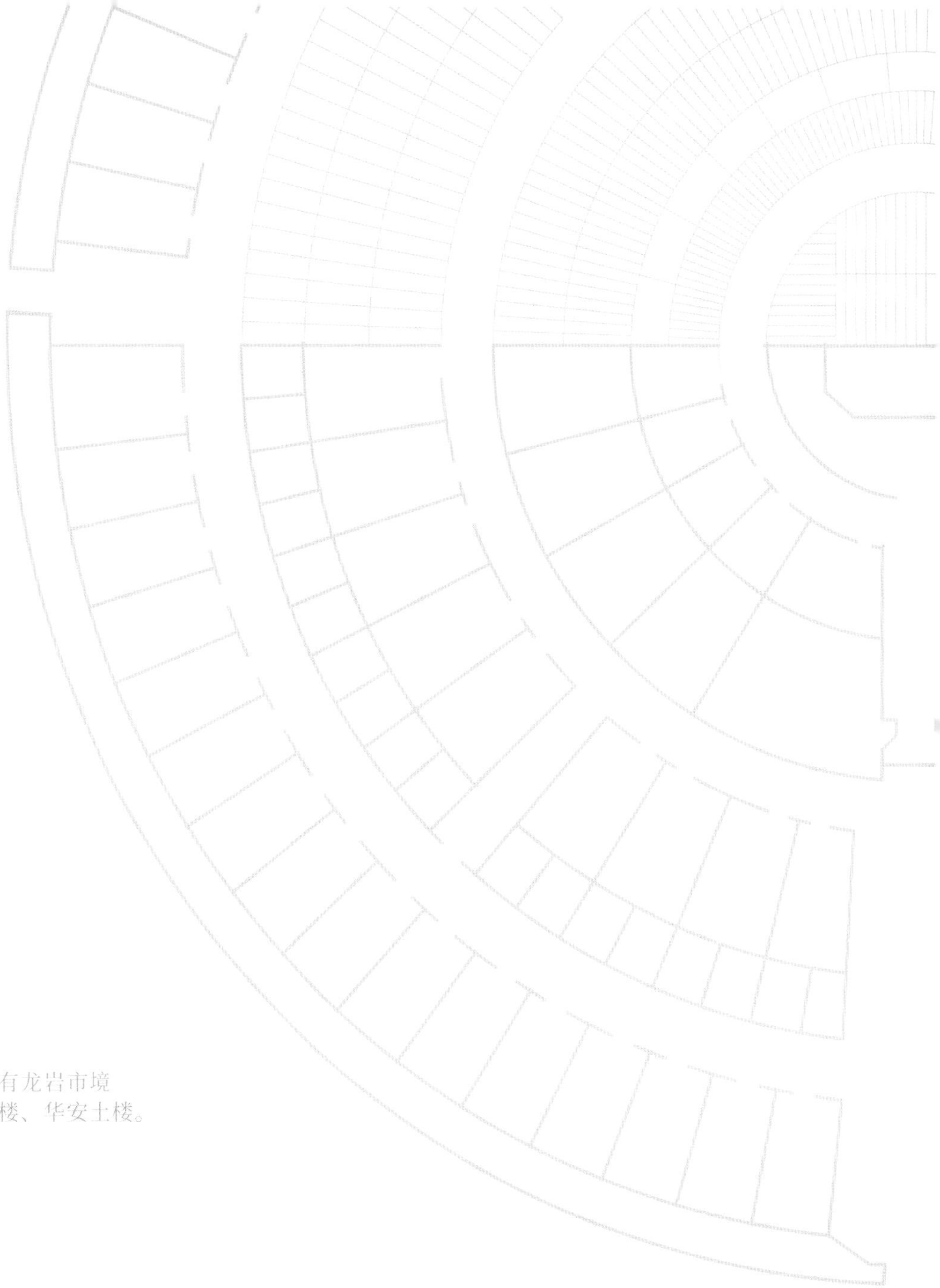

福建土楼

Fujian Tulou

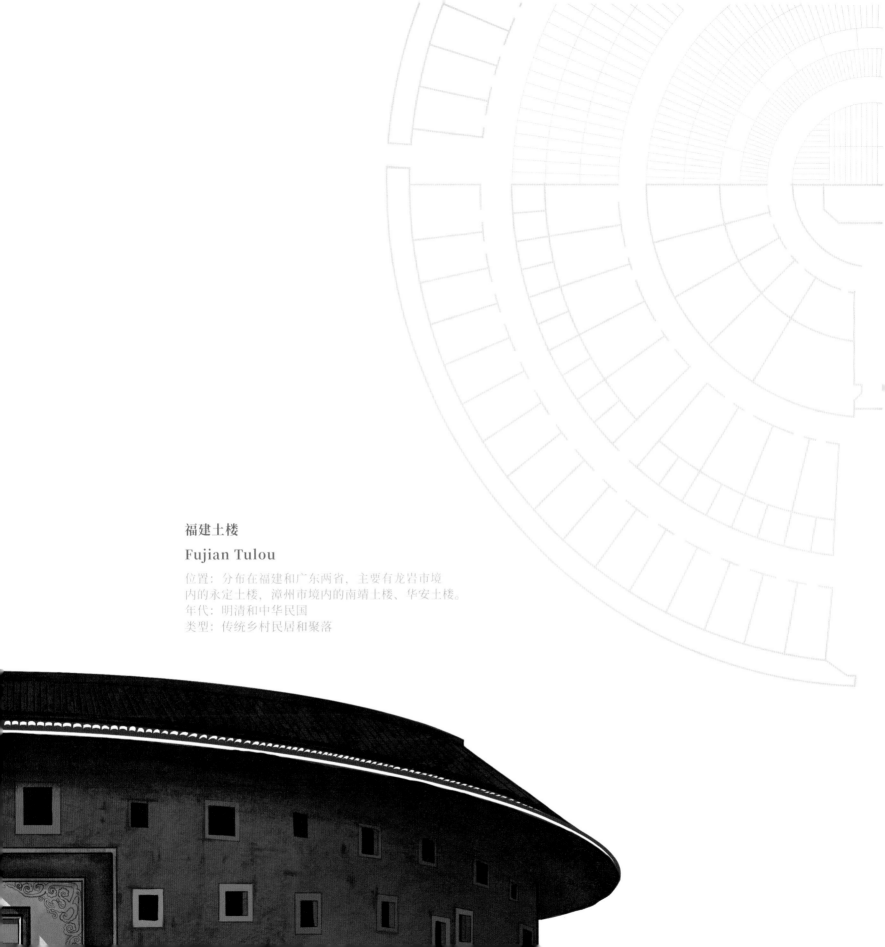

位置：分布在福建和广东两省，主要有龙岩市境内的永定土楼、漳州市境内的南靖土楼、华安土楼。
年代：明清和中华民国
类型：传统乡村民居和聚落

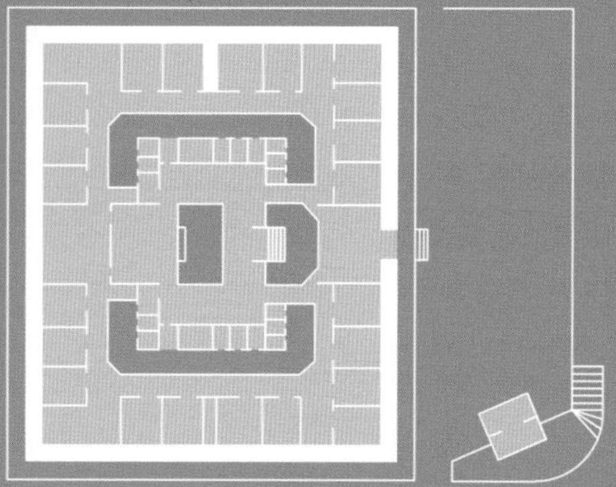

奎聚楼

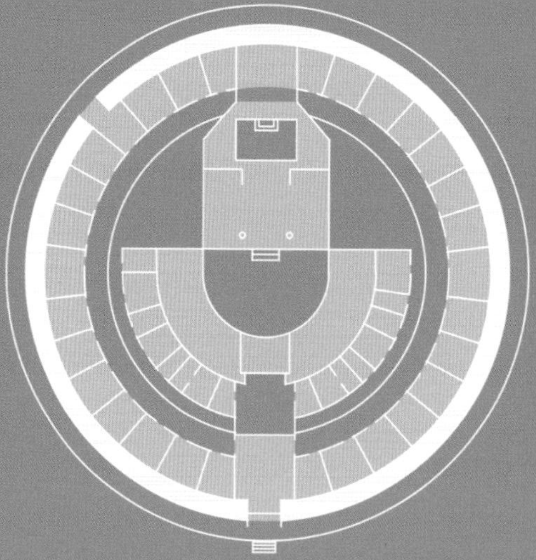

振福楼

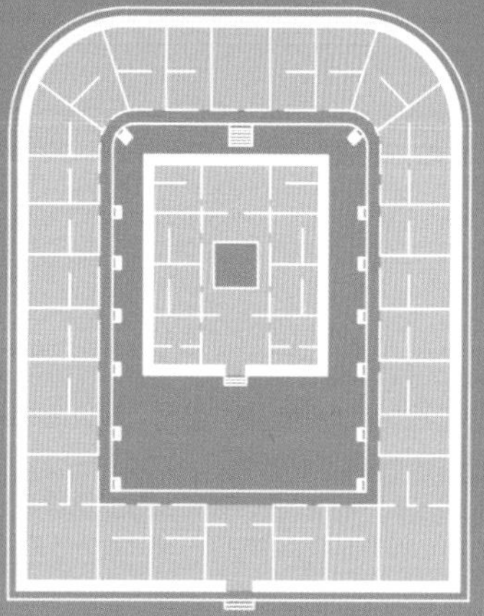

思永楼

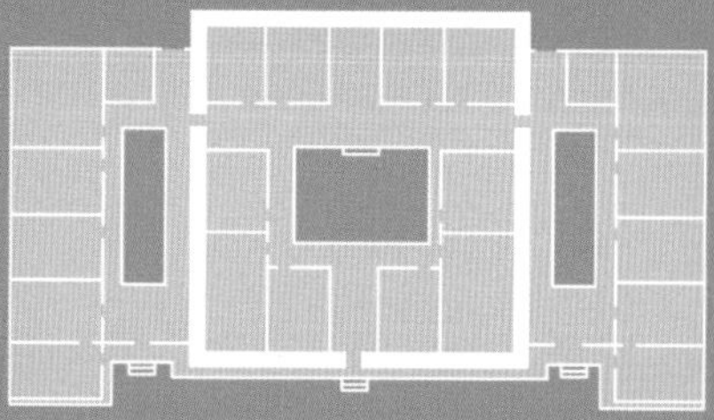

德星楼

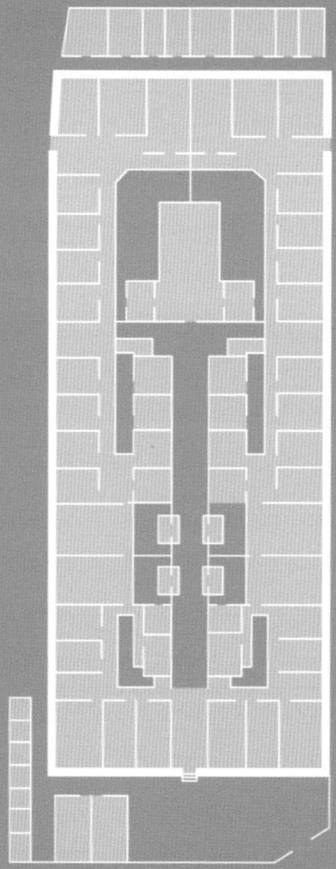

富紫楼

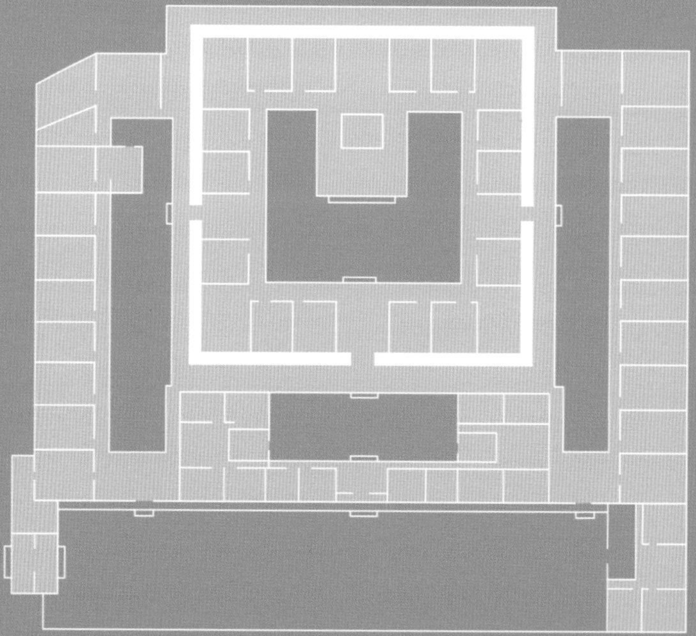

善成楼

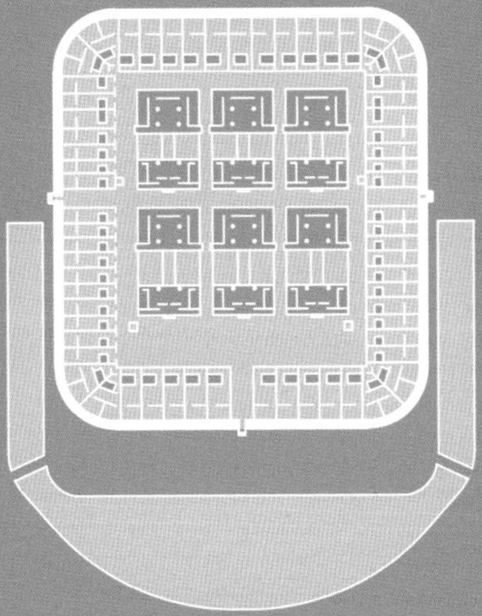
思永楼

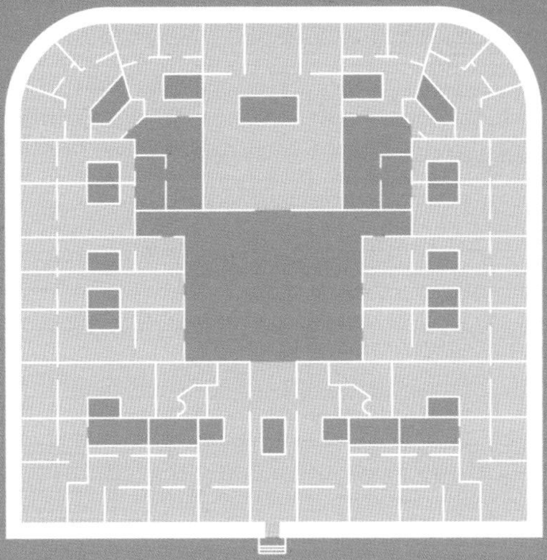
咏春楼

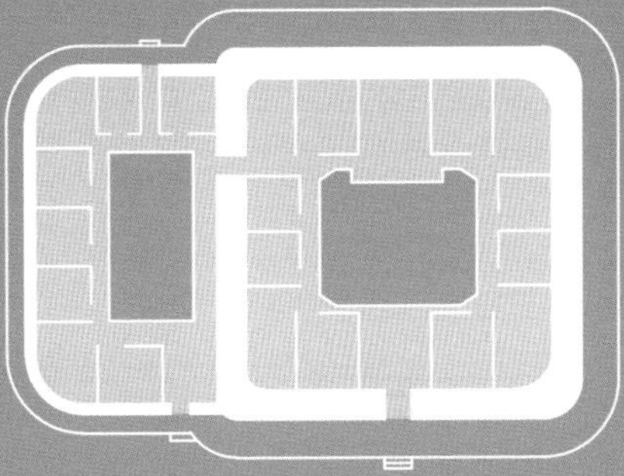
沟尾楼

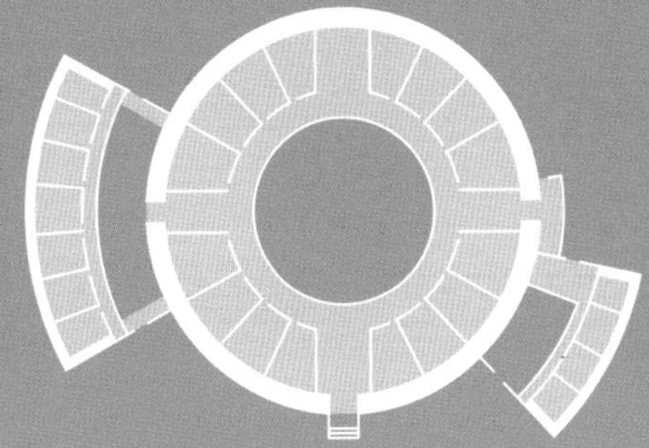
辉斗楼

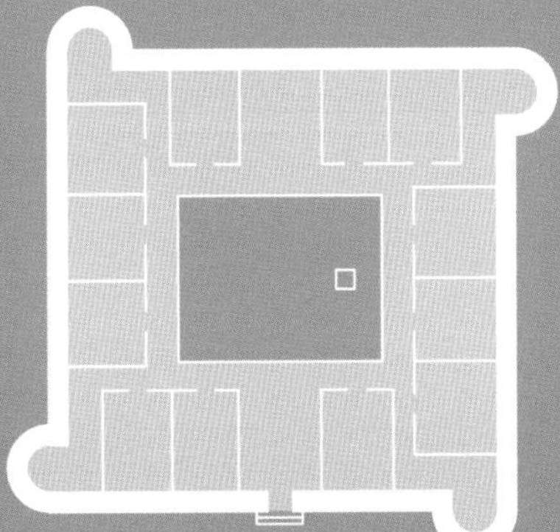
清晏楼

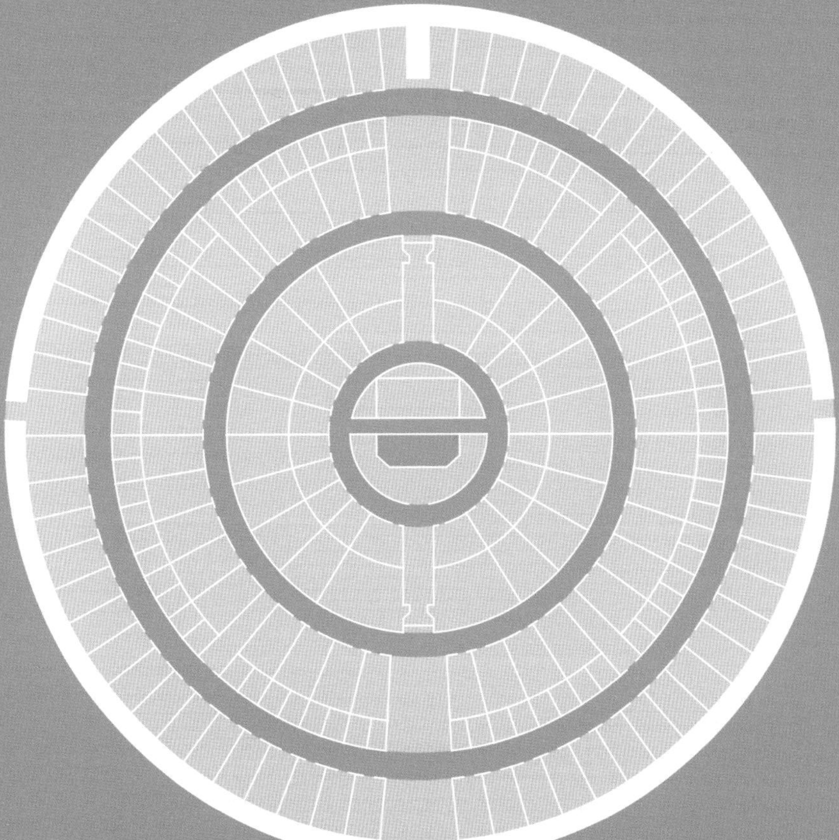
承启楼

北京民居

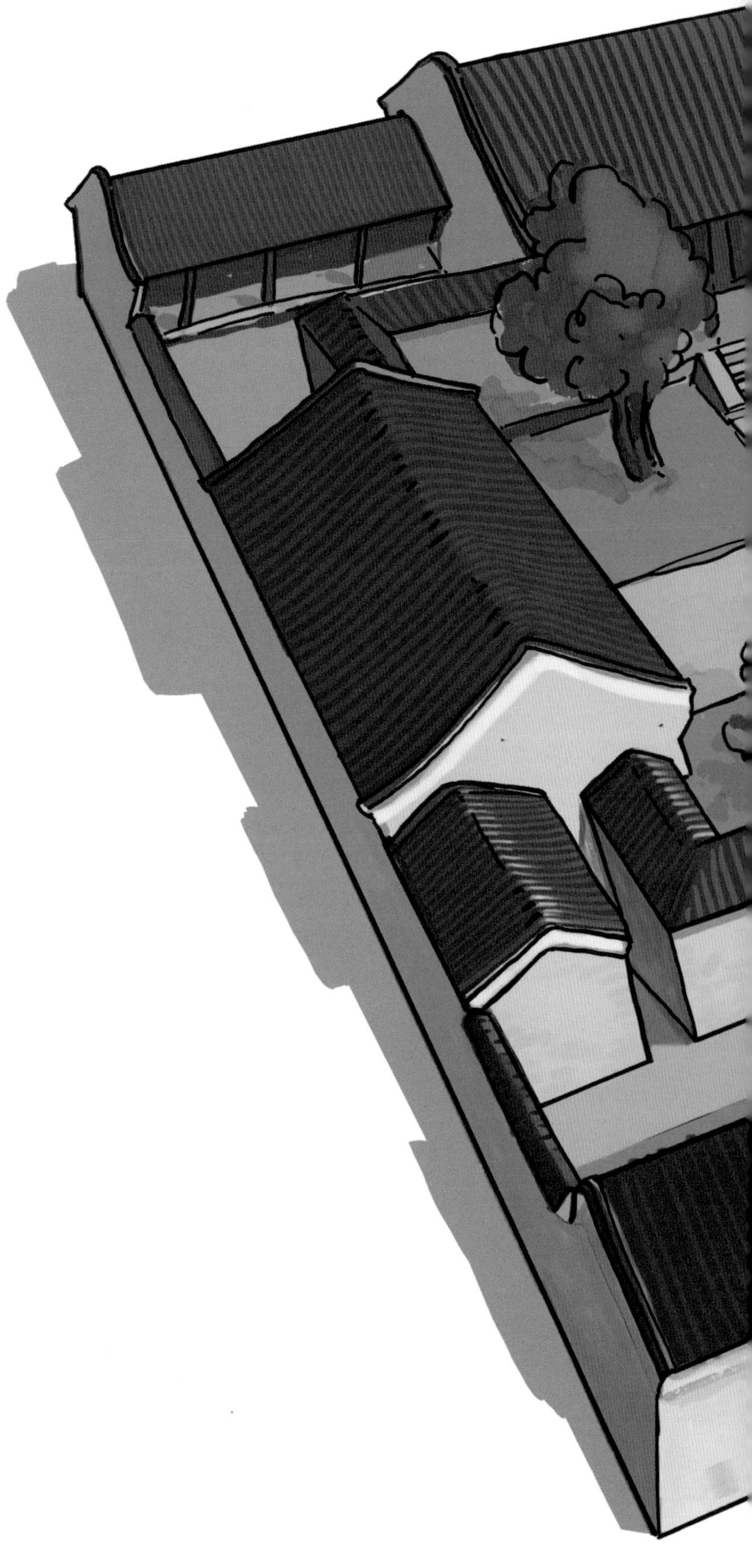

北京民居以四合院为代表，是中国北方最常见的院落式民居类型。如果说皖南民居和福建土楼是顺应自然而形成的聚落形式，那么地处广袤平原的北京四合院则是基于城市肌理和日照规律形成的居住单元。

四合院本身的布局和北京坊巷街区的规划关系密切，城市内的主要道路连接胡同，胡同又串联了四合院。这种秩序性极强的网格化模式，早在秦汉时期就在大城市中出现了，经过千年的演变，到了明清，就逐渐变为了以四合院为最小居住单元的城市格局。

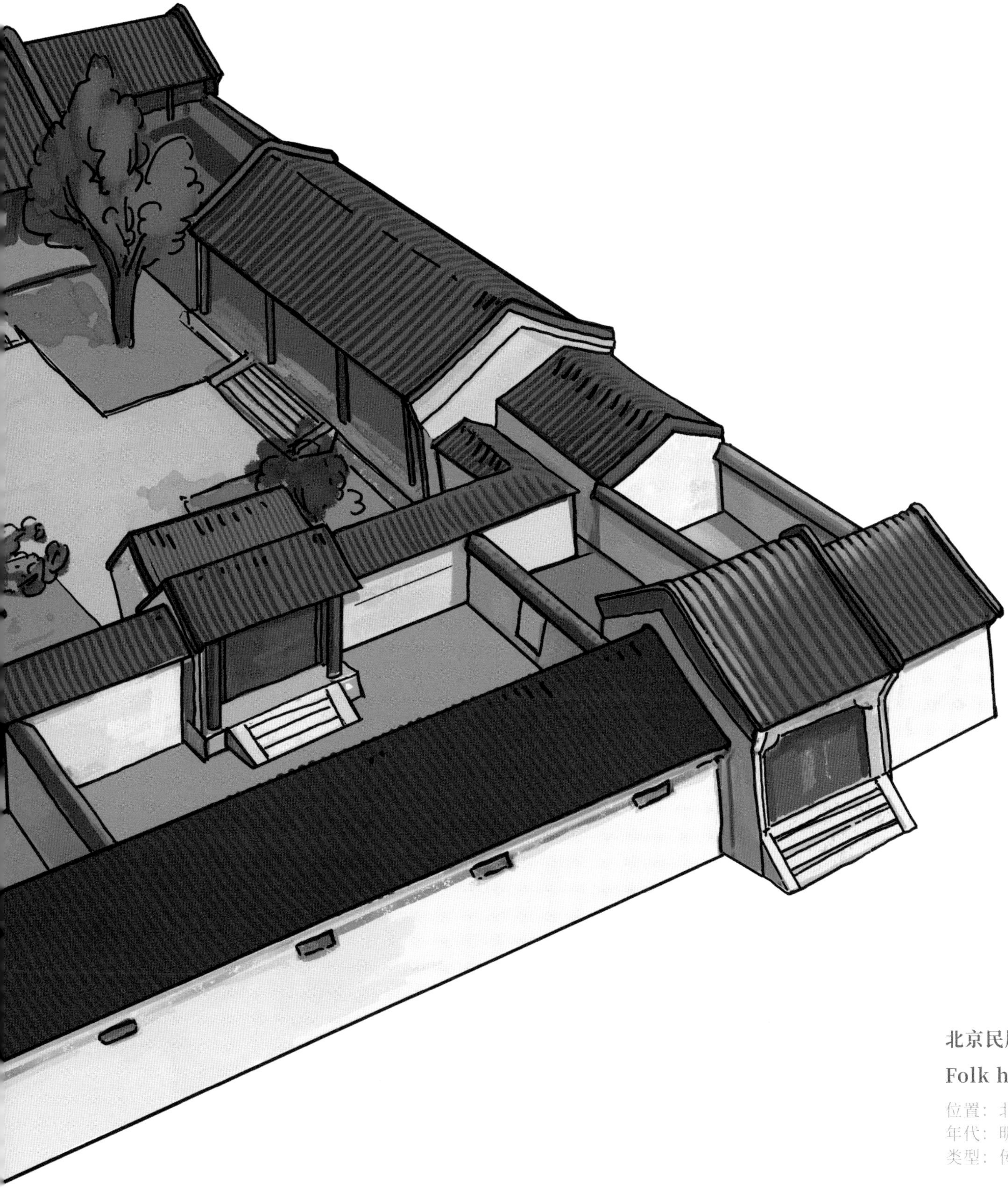

北京民居

Folk houses in Beijing

位置：北京
年代：明清和中华民国
类型：传统城市民居

四合院的布局特点

四合院大多坐北朝南，除大门以外的部分中轴对称，由四个方向的房屋围绕中心的院子组合而成，通常由南北向的正房和倒座房，以及东西向的厢房组成。在标准的四合院中，各个房屋之间有抄手游廊相连。规模按中轴线上院子的数量，分为一进、二进、三进院（平面布局图）等。大门一般布置在院子的东南角，由东西向前院和垂花门将空间引入中心轴线。

经过若干年的城市发展和社会变化，北京目前现存的标准四合院已经不多，但比较完整的胡同街区还有几处被保存下来，比如西四北地区，自北向南依次排列了北八条至北一条的胡同院落；再比如前门草厂地区，自西向东依次保留了草厂一条至草厂十条的胡同院落，等等。在这些传统街区中，很多院落还保持着居住功能，但已被加建到看不出原来的形制；还有很多院落由住宅转为商业等其他功能，因此也产生了相应的空间改造；当然，在其中也夹杂着个别较为完整的四合院。

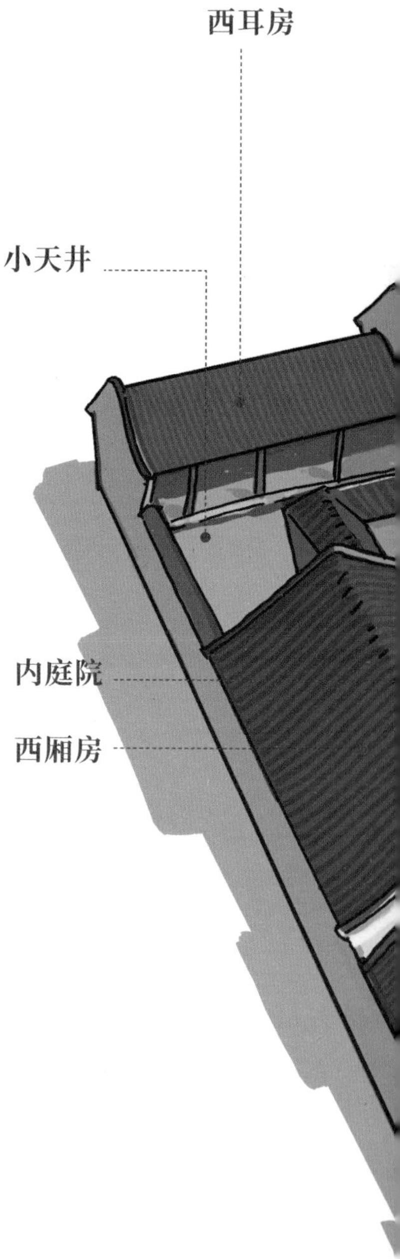

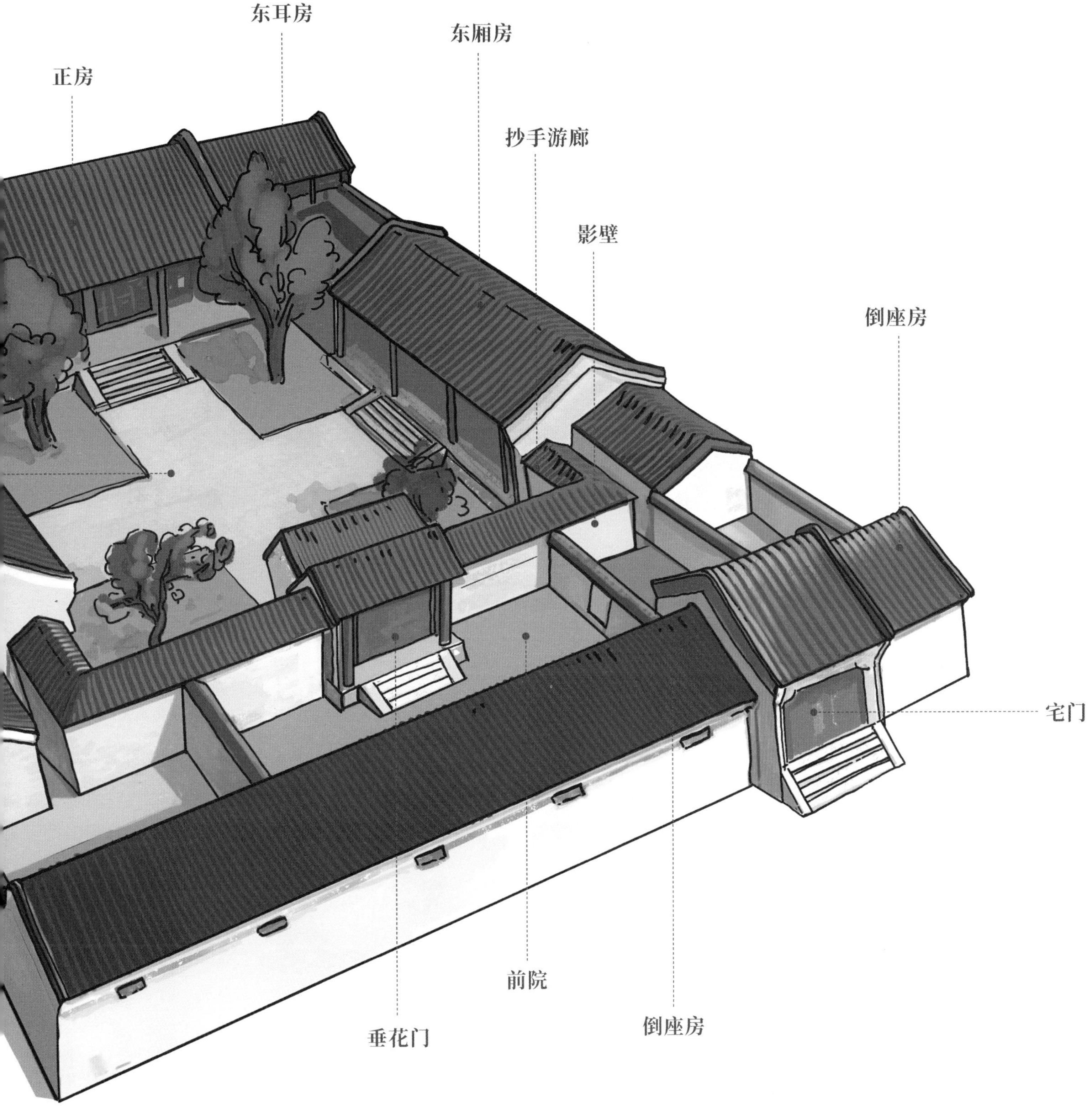
东耳房
东厢房
正房
抄手游廊
影壁
倒座房
宅门
前院
垂花门
倒座房

中国传统建筑中的宫殿类，往往和权力相关，一般服务于皇家、官方或者寺院，可以算得上是皇城中最重要的建筑。这类建筑的重要性体现在两个方面，一是其建构水平高级，在现存的一些宫殿建筑中，依然可以看到极为隆重的木构体系和构造做法，这种特点在一般的民用建筑中是看不到的。二是其在规划中位置显著，在皇城和寺庙中，一系列的宫殿建筑会构成中轴线，中轴线上的建筑也会根据功能继续划分等级，并以建筑和台基的规模进行区分。本章选取了古代皇城、祭坛、寺庙中的几个代表进行介绍，这些既是为数不多保存至今的建筑遗迹，同时也具有很高的建造品质。年代从唐至清，功能从皇城宫殿到寺庙大殿，规模从单层到多层，希望为读者呈现一个我国古代与权力关系最为密切的建筑印象图示。

宫殿

太和门广场

紫禁城总体上可分为南北两大部分，分别为前朝（外朝）和后寝（内廷）。后寝区位于紫禁城北部，为皇室生活区域的统称。而前朝则占据紫禁城南部较大区域，以午门、太和门以及太和、中和、保和三大殿为中央轴线，体仁阁、弘义阁两厢辅立，文华殿、武英殿东、西翼护，构成了皇帝举行重大礼仪，群臣朝见天子的庄严场合。

雄狮右足踏球

雌狮左足抚幼狮

太和门广场以 5 座小桥接引，太和门前陈设着一对铜狮子。作为万兽之王，狮子又是佛教神兽，镇守紫禁城的第一广场，开启最重要的大朝空间。

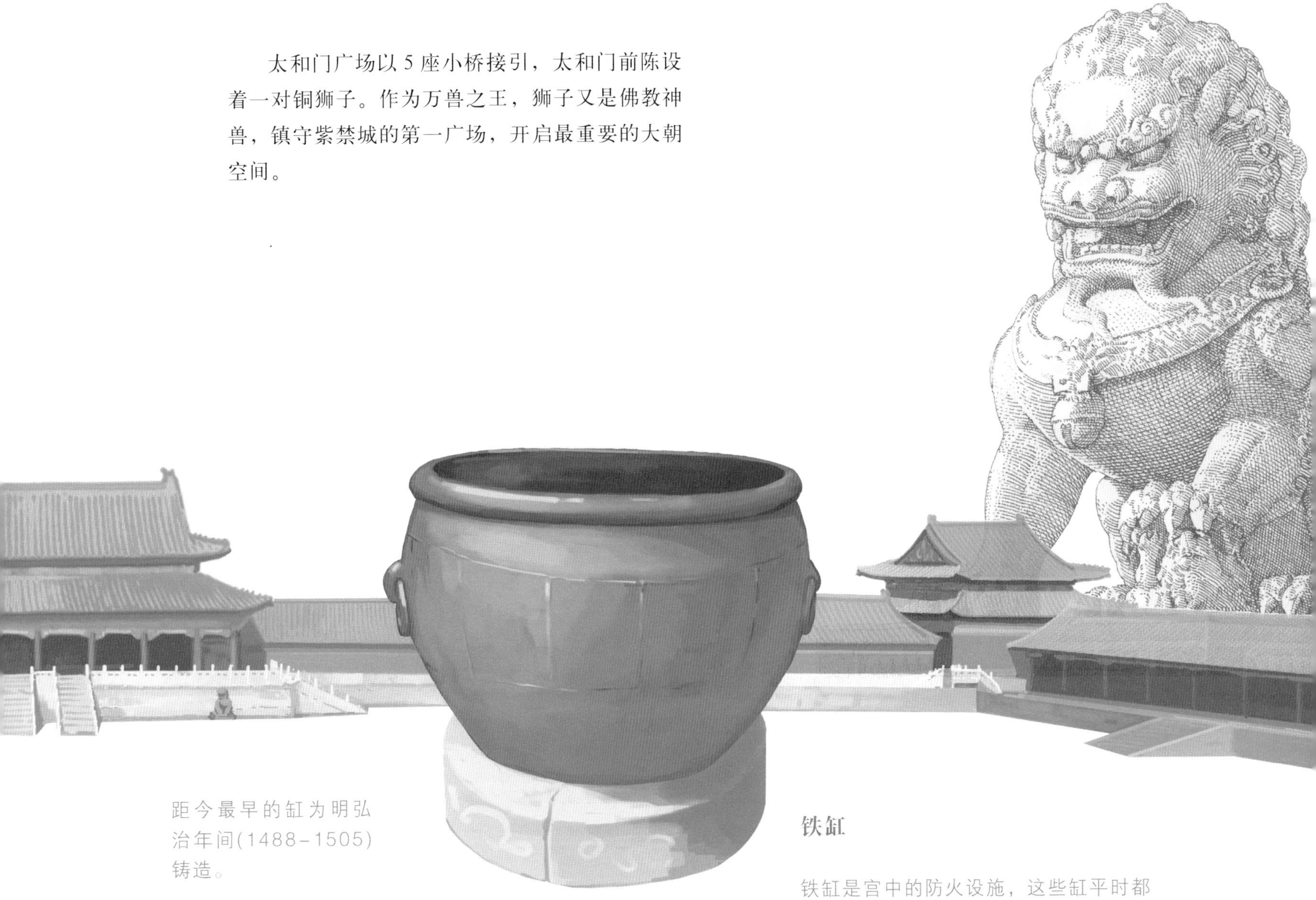

距今最早的缸为明弘治年间(1488－1505)铸造。

铁缸

铁缸是宫中的防火设施，这些缸平时都存满清水，以备灭火时用。在大缸底下设有一个石基座，每到冬季，在缸外套上棉套，缸上加盖，缸下烧炭加热，防止水结冰。

依照中国的建筑传统，建筑和院落几乎永远是以一种均衡的姿态同时存在的，这个规律不因建筑的功能、等级和地理位置的不同而有所改变。比如在故宫中最大的建筑组三大殿的最南侧，就是故宫中最大的广场——太和门广场。太和门广场位于太和门前，是青砖墁地的一个大广场，面积达 2.6 万平方米。

太和门广场

横宽：200米
纵深：130米
面积：2.6万平方米

这个巨大的广场与三大殿相得益彰。这种关系体现在两个方面，一是功能互补，在举行典礼的时候，文武百官和仪仗队伍需要在此向皇帝行礼参拜，以体现皇室的权威。二是视觉衬托，正是因为有了足够大的广场，三大殿的整体格局和权力象征才能被完整彻底地显现出来。可见，在中国的建筑传统中，建筑本身并非核心，只有与环境一起，才能构成“建筑”的完整要义。

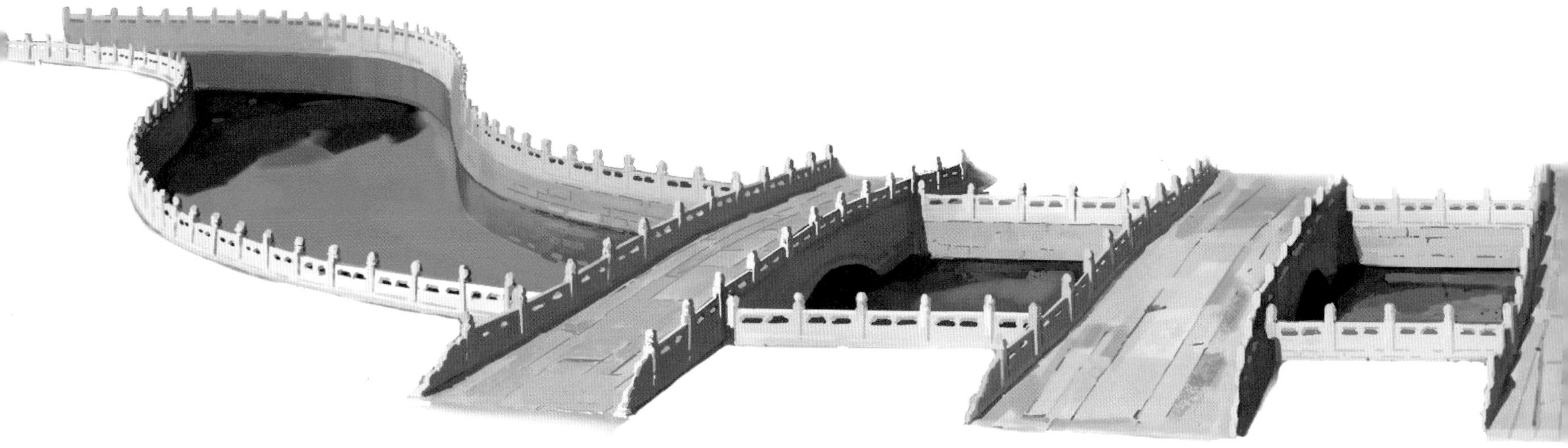

金水河与金水桥

天安门前面的那条河叫外金水河，在午门内太和门前的河道，叫内金水河，河上并排横跨五座单孔拱券式石桥，是内金水桥，是紫禁城内最大的一组石桥。内金水河从紫禁城西北角护城河引进紫禁城内，并与紫禁城东南角外的护城河相通，全长达两千多米。

金水桥的河底与河帮均用白石砌成，两面河沿设有汉白玉石的望柱和栏板。五座石桥之中，居中的桥最长最宽，为主桥，只有皇帝才能通过。左右四座为宾桥，供宗室王公和文武百官通行使用。

金水桥

金水桥分外金水桥和内金水桥，建于明永乐年间。

内金水桥位于太和门广场内金水河上，是五座并列单孔拱券式汉白玉石桥；外金水桥位于天安门前外金水河上，为三孔拱券式汉白玉石桥。

太和门

太和门是故宫外朝宫殿的正门，建成于明永乐十八年（1420年）。 太和门坐落在3米多高的须弥座上，建筑总高约23.80米，面阔九间，南北深分两间，进深四间，为重檐歇山式顶，四围龙凤石雕栏。太和门上梁枋等构件上施有和玺彩画。

明初称奉天门，后改为皇极门，清代名为太和门。

太和门前陈列着一对铜狮，狮子铜铸部分通高达3米，汉白玉石座高1.32米。两只狮子头部向对方微倾，须发蟠曲，张口露齿，颈部系响铃，肢爪强劲有力，两眼俯视前方。雄狮居东，右足踏球，象征皇家权力和一统天下；雌狮居西，左足抚幼狮，象征子嗣昌盛。

铜狮

太和门前的铜狮是故宫最大的一对铜狮，也是唯一无鎏金的铜狮。这对大铜狮是故宫皇权至高无上的象征，负责镇守皇宫，辟邪驱恶。其造型精美，与太和门的高大、华丽、雄伟协调相称。

故宫三大殿

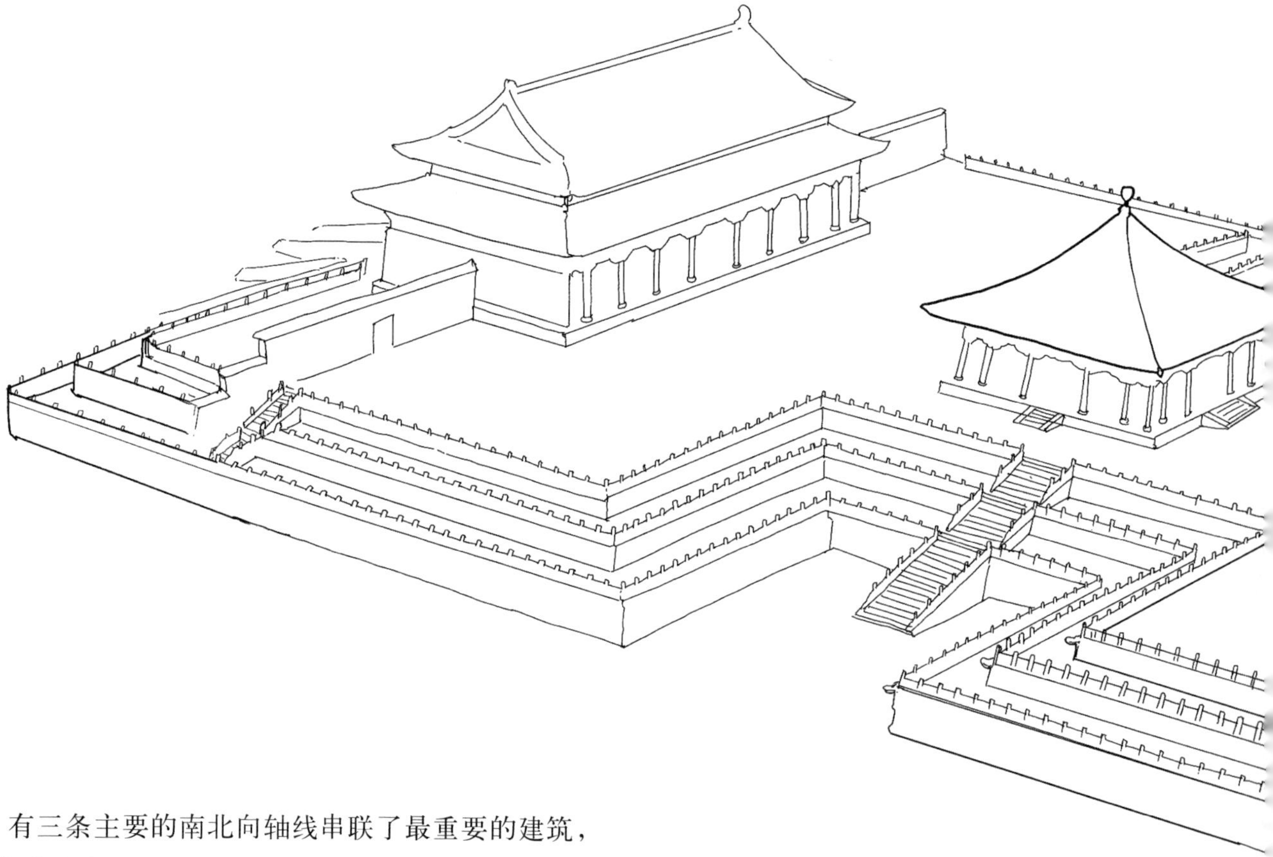

在故宫建筑群中，有三条主要的南北向轴线串联了最重要的建筑，分别为：中路三大殿、东路文华殿和西路武英殿三个宫区所形成的三条轴线，中路为主，东、西两路为辅。

其中，中路三大殿是最重要的建筑组。中路三大殿指的是太和殿、中和殿、保和殿，是明清皇帝行使权力的核心场所。我国传统建筑的高级之处就在于对类型的尊重，即使是故宫这种皇权禁地，也依然遵循了与普通民居一样的院落式建筑类型。院落式格局强调人与天地自然的和谐，也是建筑本身所需要的一种基本秩序。

故宫三大殿坐落在一块 8 米多高的巨型汉白玉台基之上，居于故宫整体格局中最显要的位置。太和殿最大，位于南侧，面对太和殿广场，保和殿体量适中，位于北侧，中和殿最小，位于中间。

太和殿又被称为“金銮殿”，是故宫里最核心的建筑，担负着皇帝举行重要典礼的神圣职责。在明代典礼之前，皇帝通常要在保和殿更衣，而到了清代，保和殿更多地以举办皇家宴会和科举殿试为主。中和殿虽小，仅为 580 平方米，但却是故宫中轴线建筑中唯一的正方形建筑，面阔、进深各三间，是皇帝在典礼之余小憩的空间。

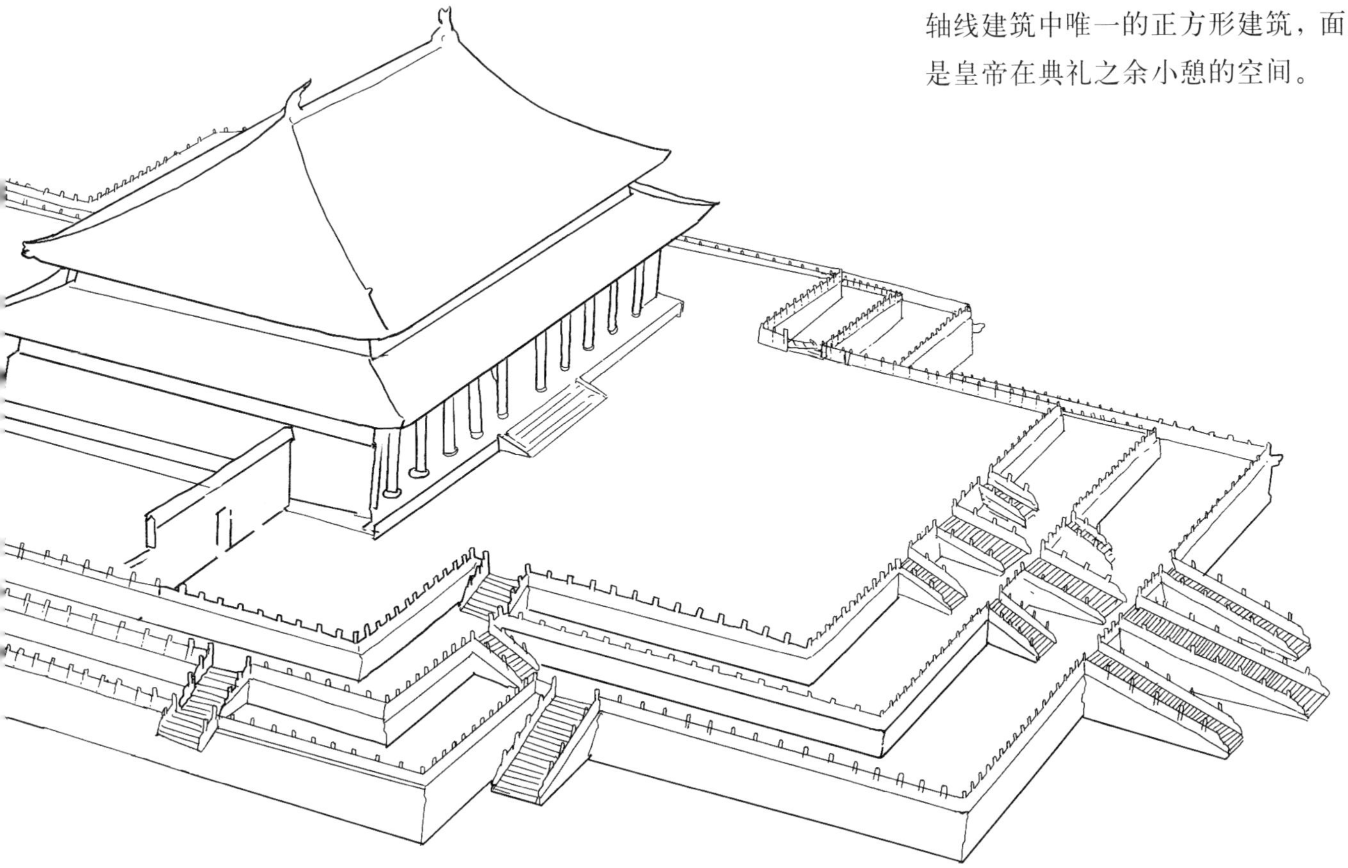

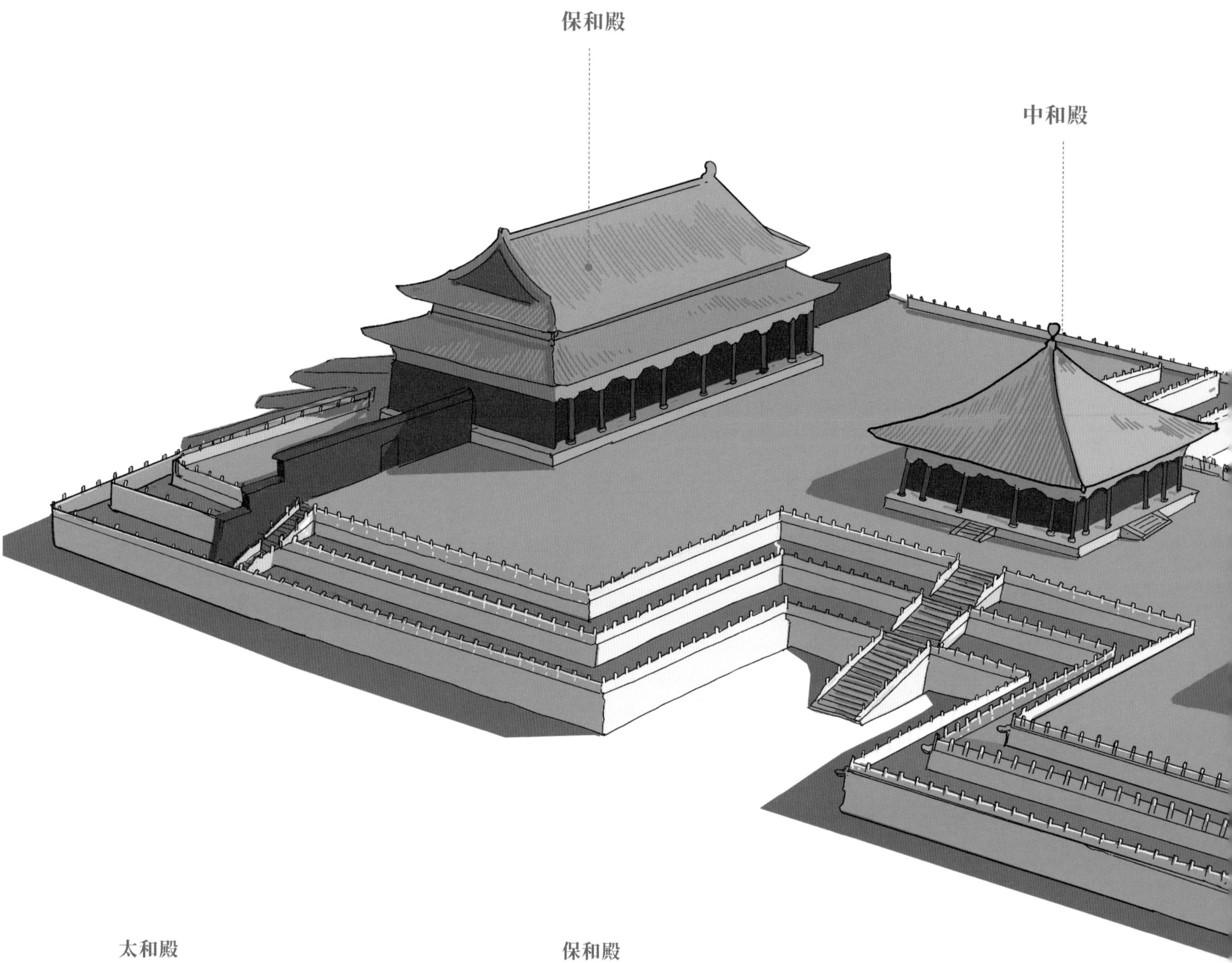

太和殿

又称“金銮殿”“至尊金殿”“金銮宝殿”。用途：举行盛大典礼、朝贺等。

中和殿

用途：皇帝会在举行大典前先在中和殿小憩，而后经中和殿前往太和殿。

保和殿

用途：明清两代用途不同，明朝大典前皇帝常常在此更衣，册立皇后、皇太子时，皇帝在此殿受贺。清朝每年除夕、正月十五，皇帝赐宴外藩、王公及一二品大臣，有官职家属宴及每科殿试等均于保和殿举行。

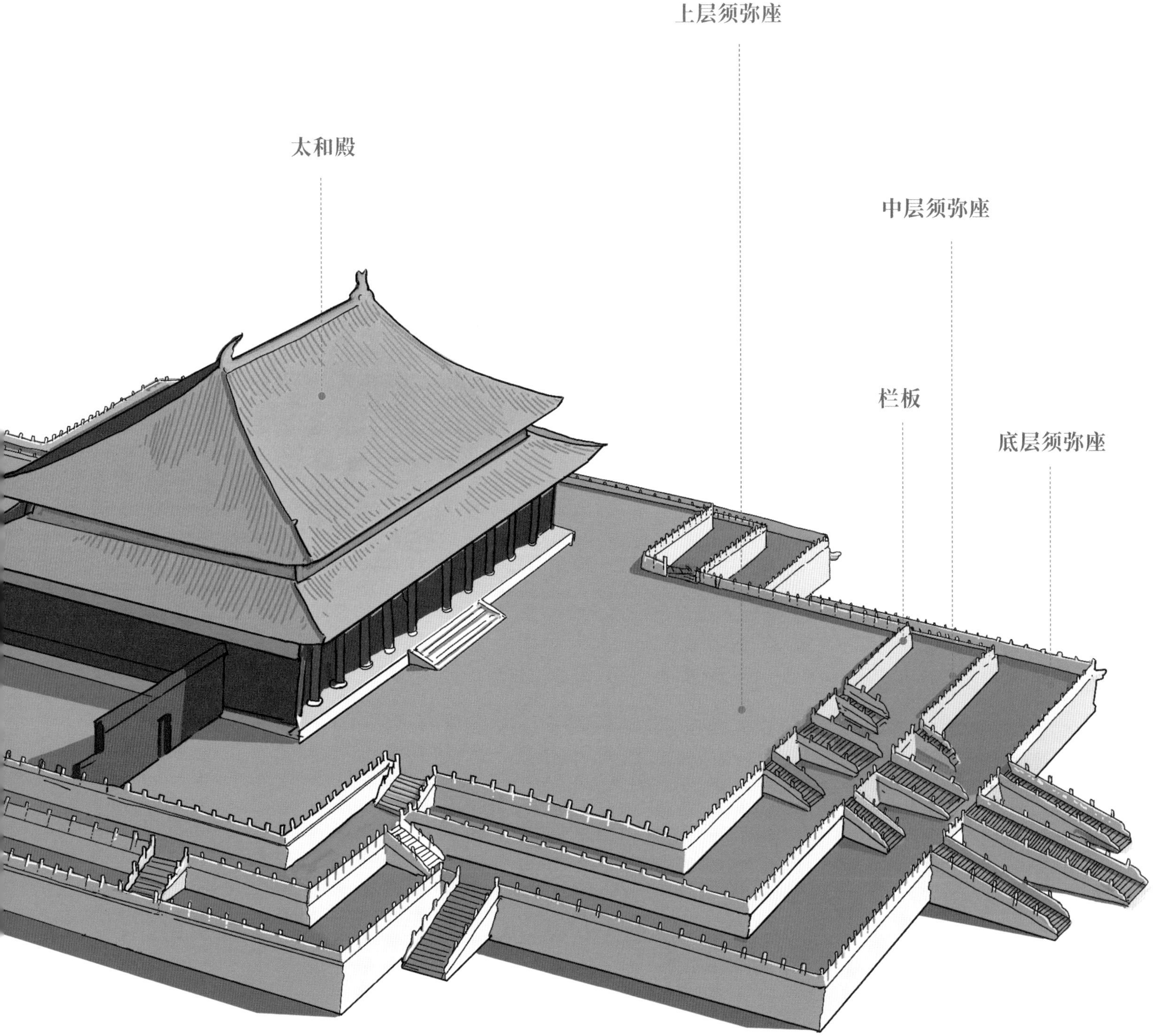
上层须弥座
太和殿
中层须弥座
栏板
底层须弥座

太和殿的建筑特点

太和殿俗称金銮殿，于明永乐十八年（1420）建成，后屡次遭遇焚毁重建，目前的遗存是清康熙三十四年（1695）重建后的版本。太和殿不仅是北京故宫中最大的建筑，也是朝廷举行重大典礼的场所，更是目前我国现存最大的木结构宫殿。

太和殿面阔十一间，进深五间，建筑面积 2377 平方米，建筑高度 26.92 米。太和殿与其北侧的中和殿及保和殿一起构成了保障明清帝国权力顺利运行的中枢空间。

鸱吻高3.4米，重4.1吨
戗脊边缘的翼向上翘起，为厚重的屋顶增添了飘逸感
四面瓦脊上各有10只脊兽
屋顶由稳固的梁架和柱架承载，再支撑72根承重柱

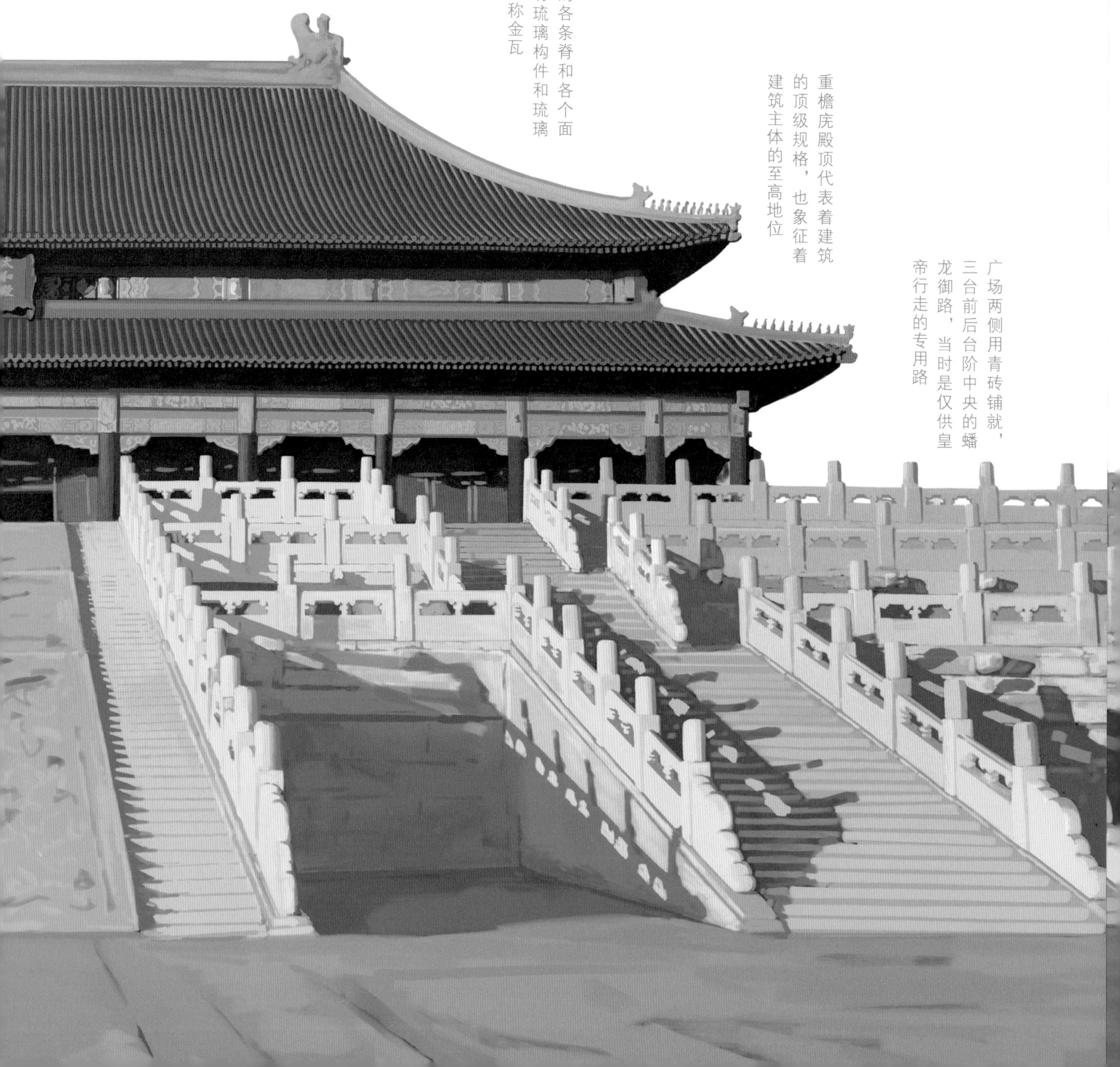
屋顶的各条脊和各个面都覆有琉璃构件和琉璃瓦，又称金瓦
重檐庑殿顶代表着建筑的顶级规格，也象征着建筑主体的至高地位
广场两侧用青砖铺就，三台前后台阶中央的蟠龙御路，当时是仅供皇帝行走的专用路

鸱吻高3.4米，重4.1吨
戗脊边缘的翼向上翘起，为厚重的屋顶增添了飘逸感
四面瓦脊上各有10只脊兽
屋顶由稳固的梁架和柱架承载，再支撑72根承重柱

太和殿

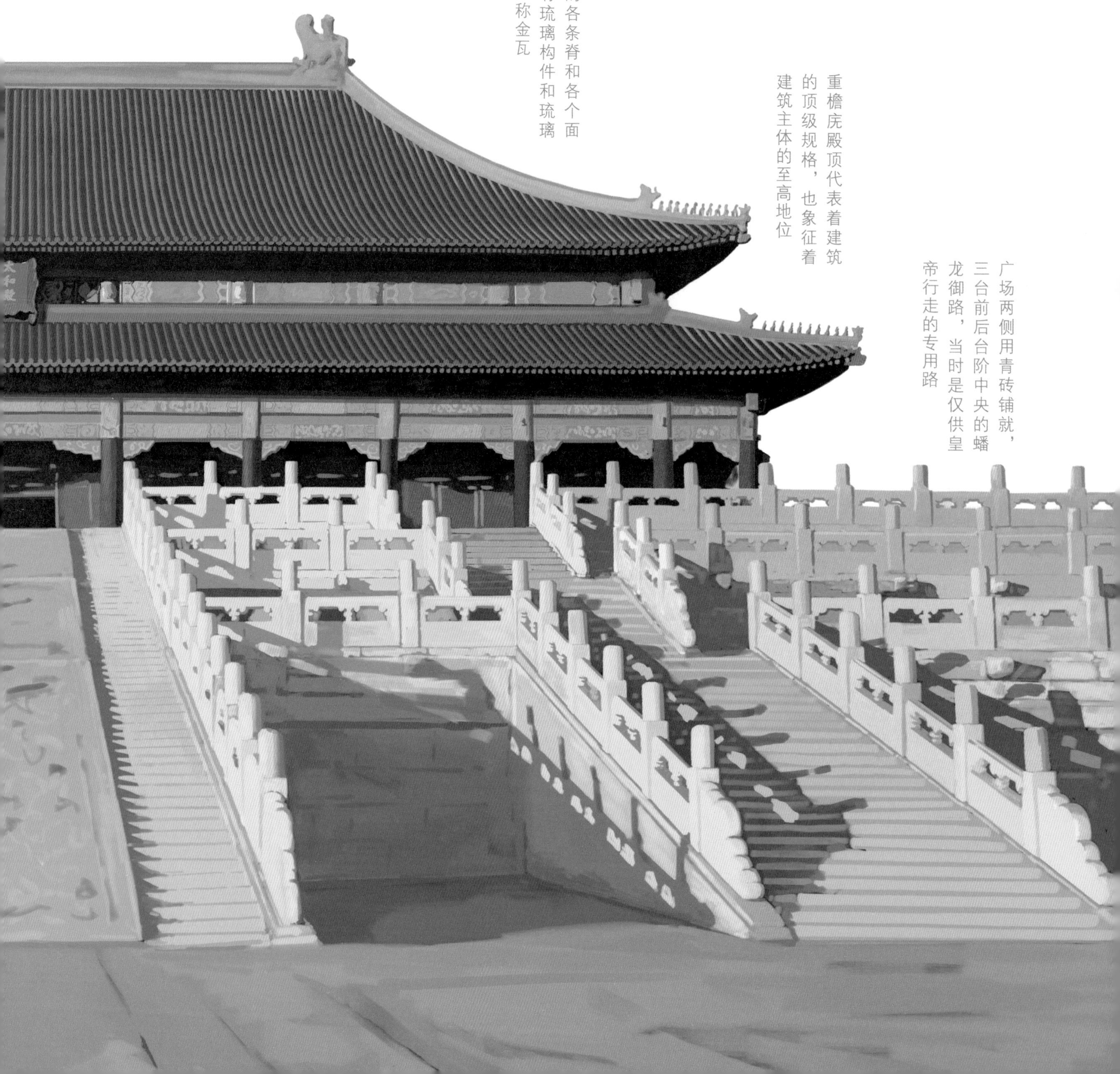

屋顶的各条脊和各个面都覆有琉璃构件和琉璃瓦，又称金瓦
重檐庑殿顶代表着建筑的顶级规格，也象征着建筑主体的至高地位
广场两侧用青砖铺就，三台前后台阶中央的蟠龙御路，当时是仅供皇帝行走的专用路

太和殿

建筑面积：2377平方米

建筑高度：26.92米

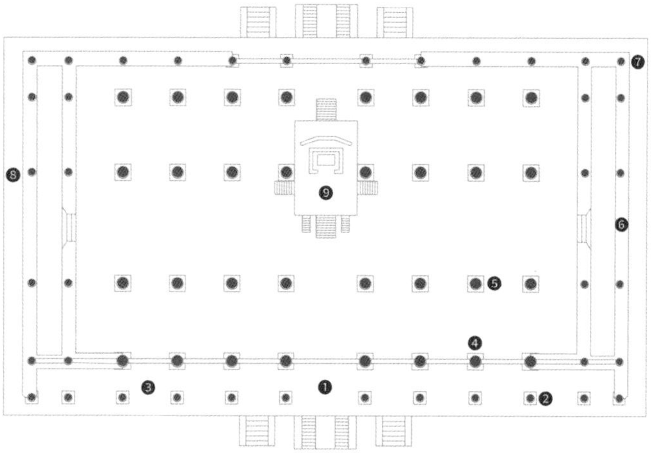

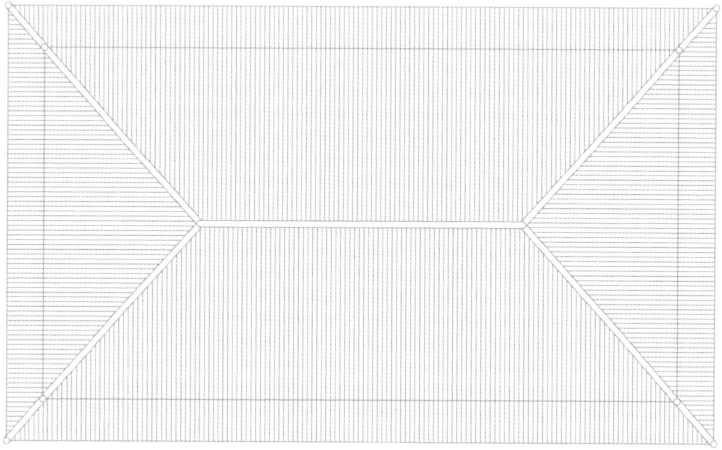

1.台基　4.外金柱　7.角柱
2.檐柱　5.里金柱　8.山柱
3.廊道　6.山墙　9.宝座

太和殿内部结构及屋顶

以太和殿为例，中轴对称的布局、威严宽阔的广场和高高在上让人敬而远之的层层台榭，这些特征凸显了皇帝的权威，至于建筑本身的技术进步和空间特点，则并不那么重要了。太和殿的台基（须弥座），对这种空间氛围的营造，起到了最重要的作用。

在中国传统建筑的体系中，木结构是主要的结构体系，因此，防雨防潮是影响建筑安全稳定的主要因素。古代工匠将建筑置于高台之上，成了一种稳定的做法并延续至今。

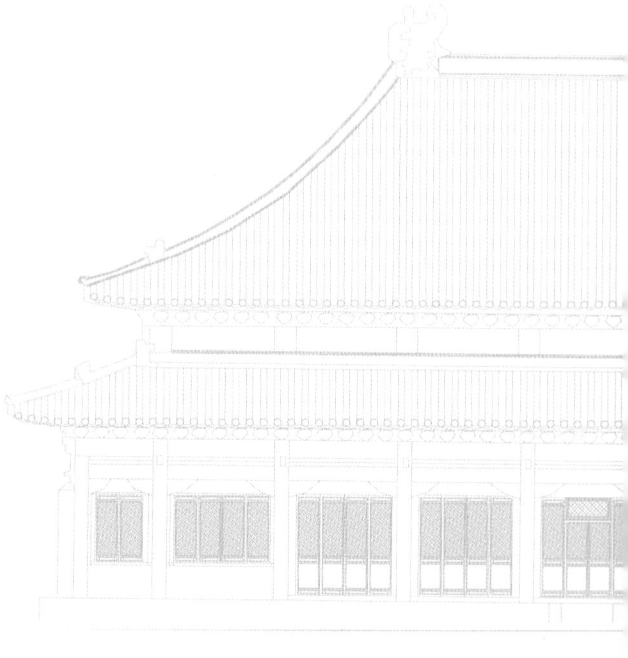

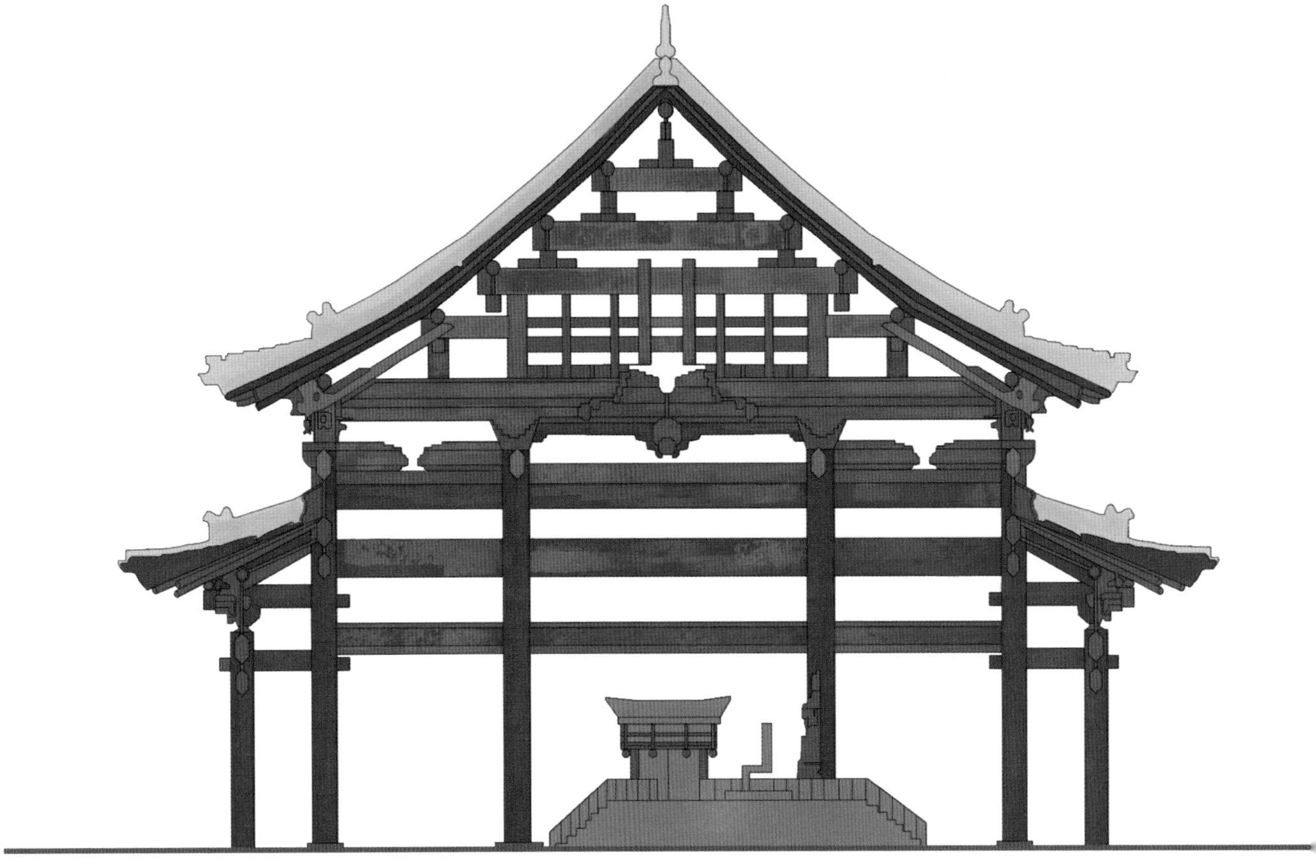

不论是普通的民居还是庙宇宫殿，建筑之下都可见清晰的台基环绕。太和殿周围的台基有完整的排水系统，通过石雕的龙头，将大殿周围的雨水层层疏导，有序排走，保护了木构大殿的结构安全。台基在满足基本的功能作用之外，还通过高度和空间变化，将大殿置于一个崇高的位置，达到令人敬畏的效果。环绕大殿的台基共有 3 层，为汉白玉材质，总高 8.15 米，整体呈中轴对称的工字形，下层台阶有 21 级，中层和上层各 9 级，台阶中间是云龙浮雕，象征帝王权力的至高无上。

太和殿

在建筑方面，与我国木建筑鼎盛时期的唐宋相比，明清已然逊色不少，主要表现在斗拱体系的实际功能性减弱。经过几百年的发展，在明清建筑中，斗拱逐渐缩小，结构作用也基本丧失，当时的匠人更热衷于用鲜艳的色彩在斗拱上描绘精美的装饰图案，斗拱的变化直接导致屋檐弧度和出挑的减少。

如果说唐宋建筑是木构建筑本身发展的最高点的话，那明清建筑和场所空间在权力氛围的营造上，则达到另一个顶峰。北京故宫就是最典型的例子。

太和殿

Hall of Supreme Harmony

位置：北京故宫
年代：建于明永乐十八年（1420年），现存建筑为清康熙年间重建
规模：面阔十一间，进深五间，建筑面积2377平方米，建筑高度26.92米
类型：皇家宫殿

汉白玉大台基

三大殿的石台基，层叠三重（明台高8.15米，埋深达7米以上），象征王土居中，是天下最巨大的“土”字，大到在任何一个庭院都只能看到三层汉白玉台基局部，上面屹立着宫城最大的宫殿。

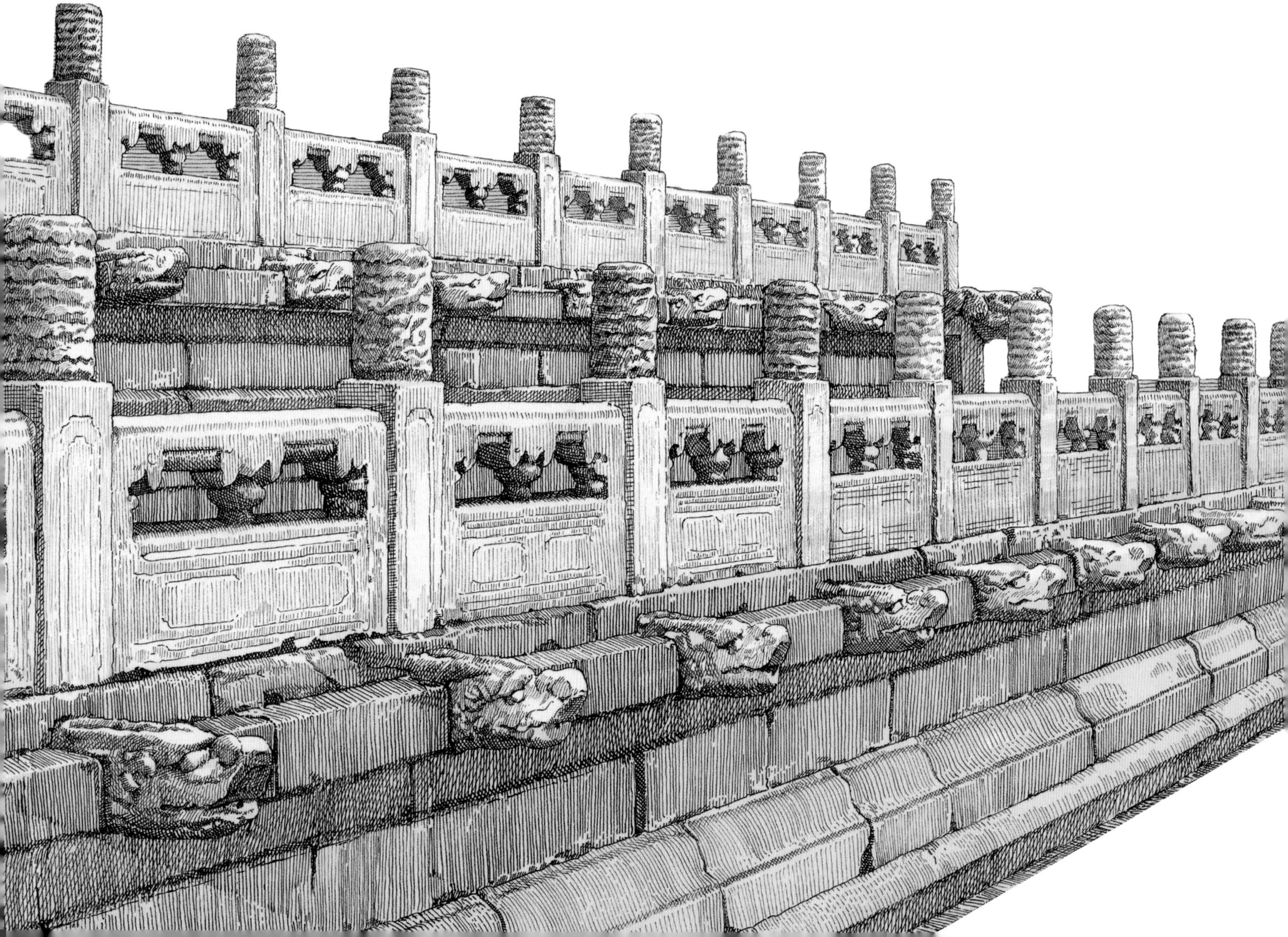

太和殿龙纹望柱头

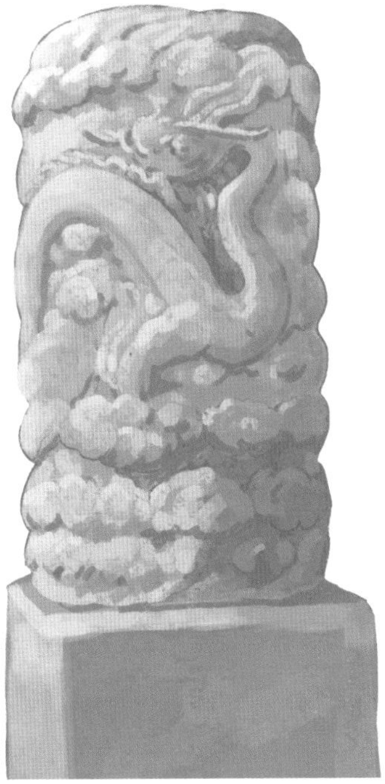

龙纹望柱就是雕刻有龙纹浮雕的栏杆柱，望柱有木造和石造，分柱身和柱头两部分。柱身的截面因朝代不同，其形式也有所变化，比如在宋代多为八角形，在清代则多为四方形。

在明清建筑中，无论是宫殿还是园林，在其建筑的基座和桥两旁，常常会设置白石栏杆作为围护。其构制形式来源大致为宋代的木质栏杆，其构造方式有统一的标准：“于建筑台基的周边，贴地面设地，上立望柱，望柱的上端有一个望柱头，每两根望柱之间安一块石栏板，相互连接成栏杆”。

水石雕龙头

台基四周设置望柱，望柱下设计了水石雕龙头，称为螭首。除了具有装饰功能，还可用于排水。

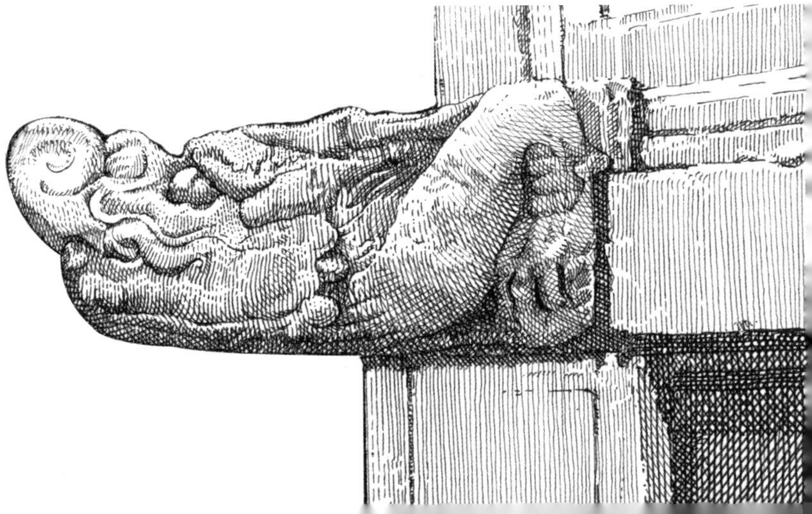

铜龟

铜龟，又名“霸下”，龙头龟身，姿态威武。在上古传说中，霸下常背起三山五岳兴风作浪。后被夏禹收服。治水成功后，夏禹就让它背起自己的功绩，因而许多石碑都是由霸下背起的。

而太和殿前摆放神龟则是对吉祥长寿、江山永固、功绩万年的期许。在功能上，与铜鹤一样，太和殿前的铜龟腹部中空，背部有活盖，可用于燃香。燃香时会有袅袅青烟从铜龟嘴中吐出，烘托神秘、威严的氛围。

铜鹤

月台（太和殿前有一个宽阔的平台，称为丹陛，俗称月台）上陈设日晷、嘉量各一，铜龟、铜鹤各一对，铜鼎18座。铜鹤陈设在铜龟前，与铜龟一起象征江山永固，福寿绵长。

日晷

日晷，“日”指太阳，“晷”表示“日影”，可以简单地理解为“太阳的影子”。而日晷是古人利用太阳的影子测定时间的一种计时器，又称“日规”。在太和殿、乾清宫、养心殿等重要建筑前都设有日晷，虽其形制稍有差别，但基本构造和使用方法相同。日晷由底座、晷面和指针构成，指针设置于晷面中央，晷面刻有十二时辰的名称，底座与地面平行，晷面与赤道平行，指针与地轴平行，同时指针与地平面的夹角又与当地维度相同。人们观察指针影子在晷面的位置，便可以了解当时的时间。

脊兽

骑凤仙人

跑兽前面装饰着一个“骑凤仙人”造型，固定着垂脊下数第一块瓦件。

龙

最厉害的神异动物，象征天子。

凤

比喻有圣德之人。

狮子

万兽之王，代表勇猛、威严。

天马

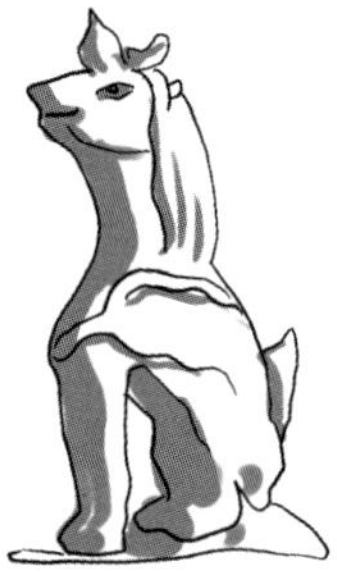

我国古代神话中吉祥的化身。

海马

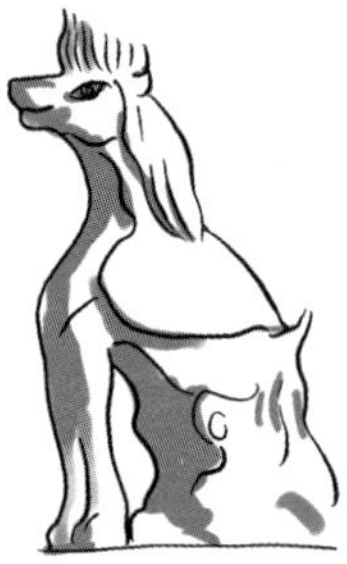

忠勇吉祥，智德兼备。

脊兽是安放在中国传统建筑屋脊上的兽形瓦制构件，主要功能是保护屋顶的建筑构造，对屋脊起到固定和支撑的作用，因此，脊兽常常位于屋脊的端头。同时，在实用功能之外，脊兽也被赋予了装饰建筑和表示等级的作用，不同等级的建筑需要采用不同款式和数量的脊兽，如故宫之中等级最高的建筑太和殿，角脊端头就排列了最多的10个小兽，象征皇权的至高无上。

明代初建时太和殿的角脊上有9个瑞兽，屋脊外端的骑凤仙人之后，依次是龙、凤、狮子、天马、海马、狻猊、押鱼、獬豸、斗牛，代表着对祥瑞的崇拜和对守护宫殿、消灾驱邪的期许。9个瑞兽在当时已是最高规格，清康熙年间灾后重建太和殿时，又增加了行什(猴) 。

狻猊

古书记载是与狮子同类的猛兽，勇猛过人。

押鱼

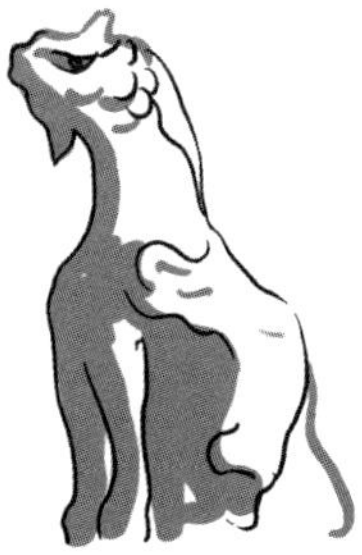

是海中异兽，传说中它和狻猊都是兴云作雨、灭火防灾的神。

獬豸

我国古代传说中的猛兽，公正无私。

斗牛

传说中是一种虬龙。

行什

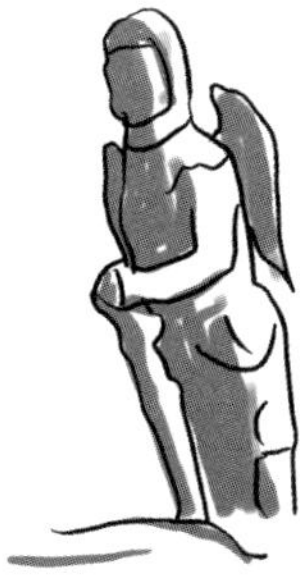

一种带翅膀猴面孔的人像，行云布雨，防止电击雷劈。

垂兽

又称角兽，是兽头形状，一般安装在建筑垂脊上，内有铁钉，作用是防止垂脊上的瓦件下滑，加固屋脊相交位置的结合部。

骑凤仙人和垂兽

将骑凤仙人和垂兽设置在垂脊上，是古人考虑到建筑力学的需要，还带有朴素的汉族建筑美学思想。

脊兽

脊兽的等级、大小、奇偶、数量、次序等都有严格规定。太和殿的角脊上，排列着10个琉璃坐姿小兽，成双数，为最高等级。

台基

三大殿的石台基，层叠三重，明台高8.75米，埋深达7米以上，面积25 000多平方米，象征王土居中，是天下最巨大的“土”字，大到在任何一个庭院都只能看到三层汉白玉台基局部，上面屹立着宫城最大的宫殿。

兽吻

正脊两侧有大吻，表面有龙纹，高3.4米，重约4300公斤，由13块琉璃瓦件拼合而成，是我国现存古建筑中最大的一对兽吻。大吻位于屋脊交汇点，能够起到封固三坡屋顶、防雨防漏的作用。

须弥座

须弥座，又名“金刚座”“须弥坛”。古建筑一般由台基、屋架、屋顶三部分组成。台基分为两类:普通台基和须弥座台基。普通台基一般用于普通民居中，须弥座台基一般则用于殿堂建筑等。

古建筑屋顶样式

中国建筑可以当作是一个“礼”的实体来欣赏与解读。在古建筑中常以顶盖来区分建筑物等级和空间秩序，配合宗法和礼仪要求来使用。

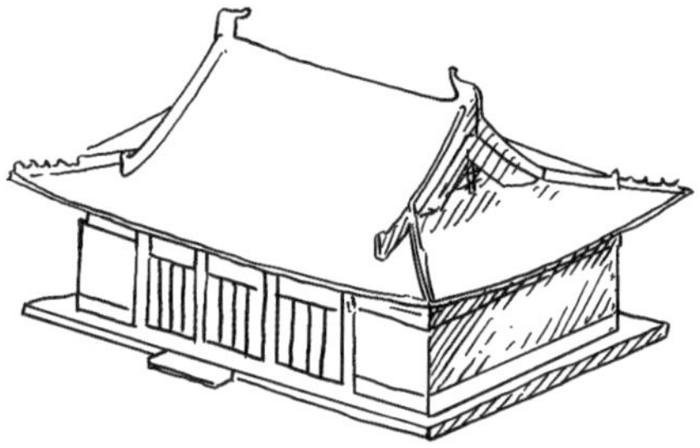

卷棚歇山顶

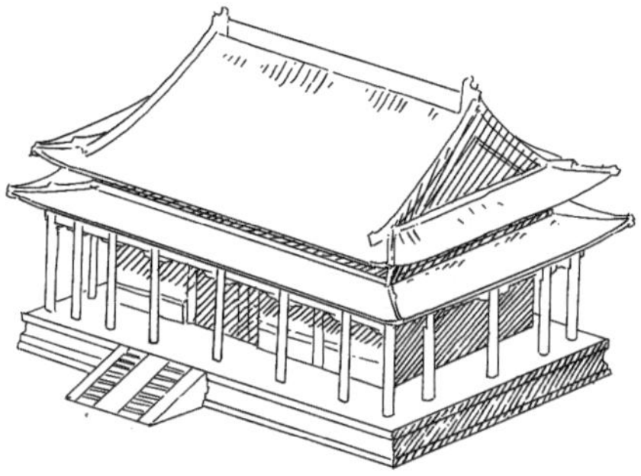

重檐歇山顶

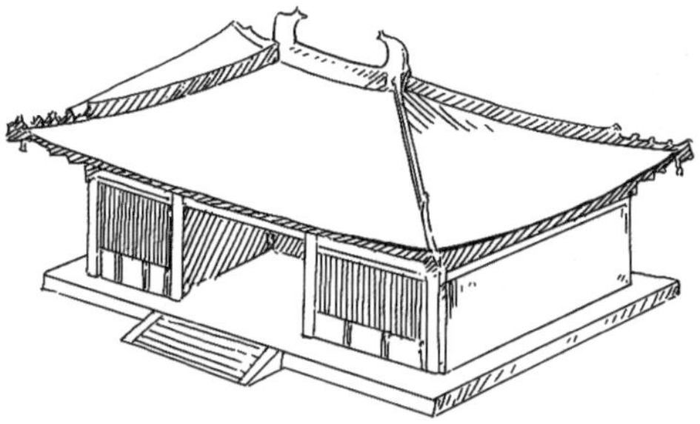

庑殿顶

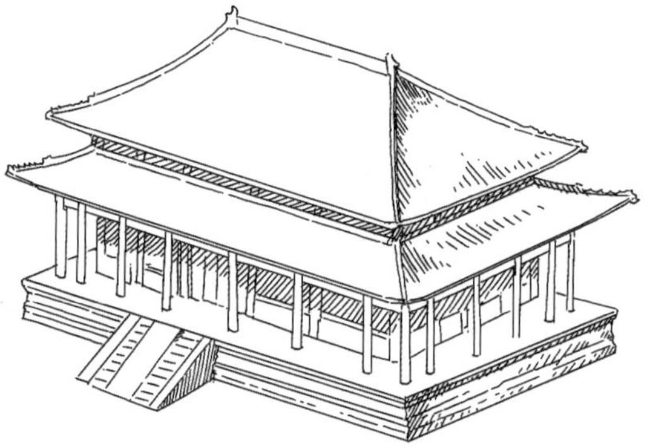

重檐庑殿顶

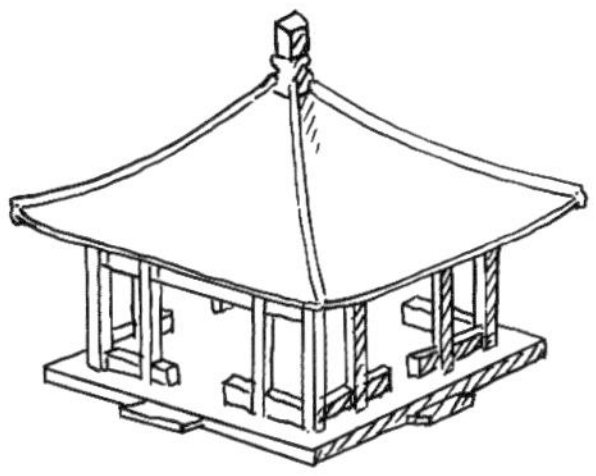

四角攒尖顶

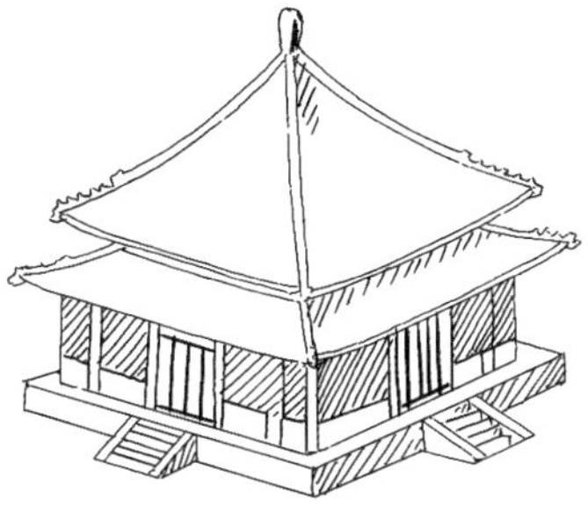

四角攒尖顶（重檐）

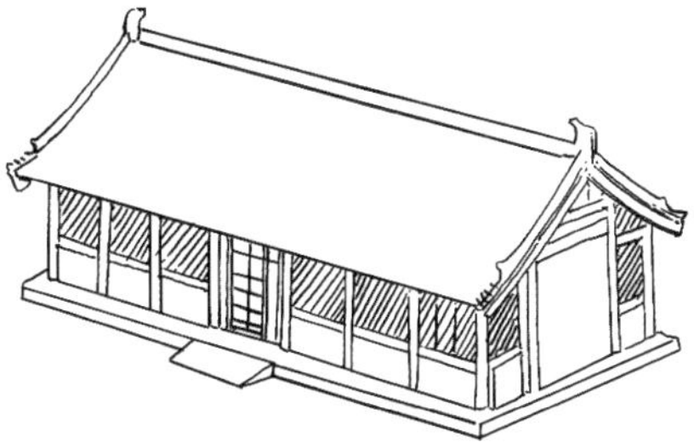

悬山顶

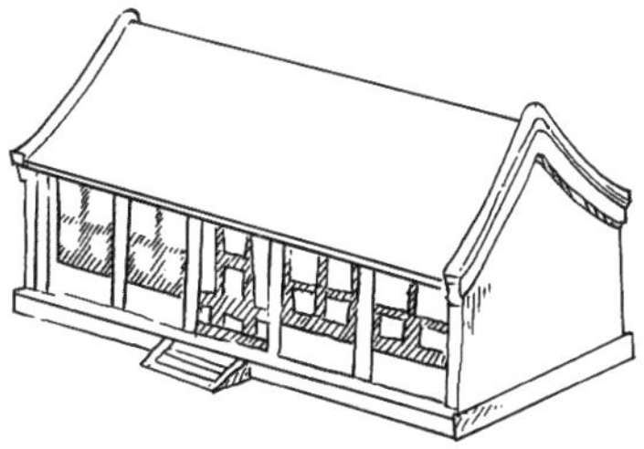

硬山顶

歇山顶

歇山顶在规格上仅次于庑殿顶，因共有九条脊，即一条正脊、四条垂脊和四条戗脊，所以又称九脊殿。歇山顶变化繁多，可按构造和形式的不同进行分类。其中按构造可分单檐和重檐两种，所谓重檐，就是在基本歇山顶的下方，加上一层屋檐，和庑殿顶的第二檐近似；按形式则可分为四面歇山顶和卷棚歇山顶等。

悬山顶及硬山顶

悬山顶和硬山顶均为前后两坡，区别在于悬山顶为屋面悬挑出山墙以外，以保护山墙免遭风雨侵蚀，且檩桁构造外露，没有被山墙封闭。硬山顶则屋面没有悬挑，山墙裸露在外，与顶平齐或高于屋面。

庑殿顶

庑殿式的屋顶一般为重檐或单檐，其中单檐庑殿式因具有四个坡面顶而被称为四阿式，又因具有五条屋脊而得名五脊殿。是中国古代建筑中最高级的屋顶形制，太和殿采用的便是最尊贵的重檐庑殿顶。

四角攒尖顶

垂脊从四角逐渐上升聚合，正脊消失，变成一个攒尖的点。四角攒尖顶一般多用于园林亭榭，中和殿以高级隔扇为墙，显示其从属前后两大殿的性质。

历代木构殿堂平面及列柱位置图

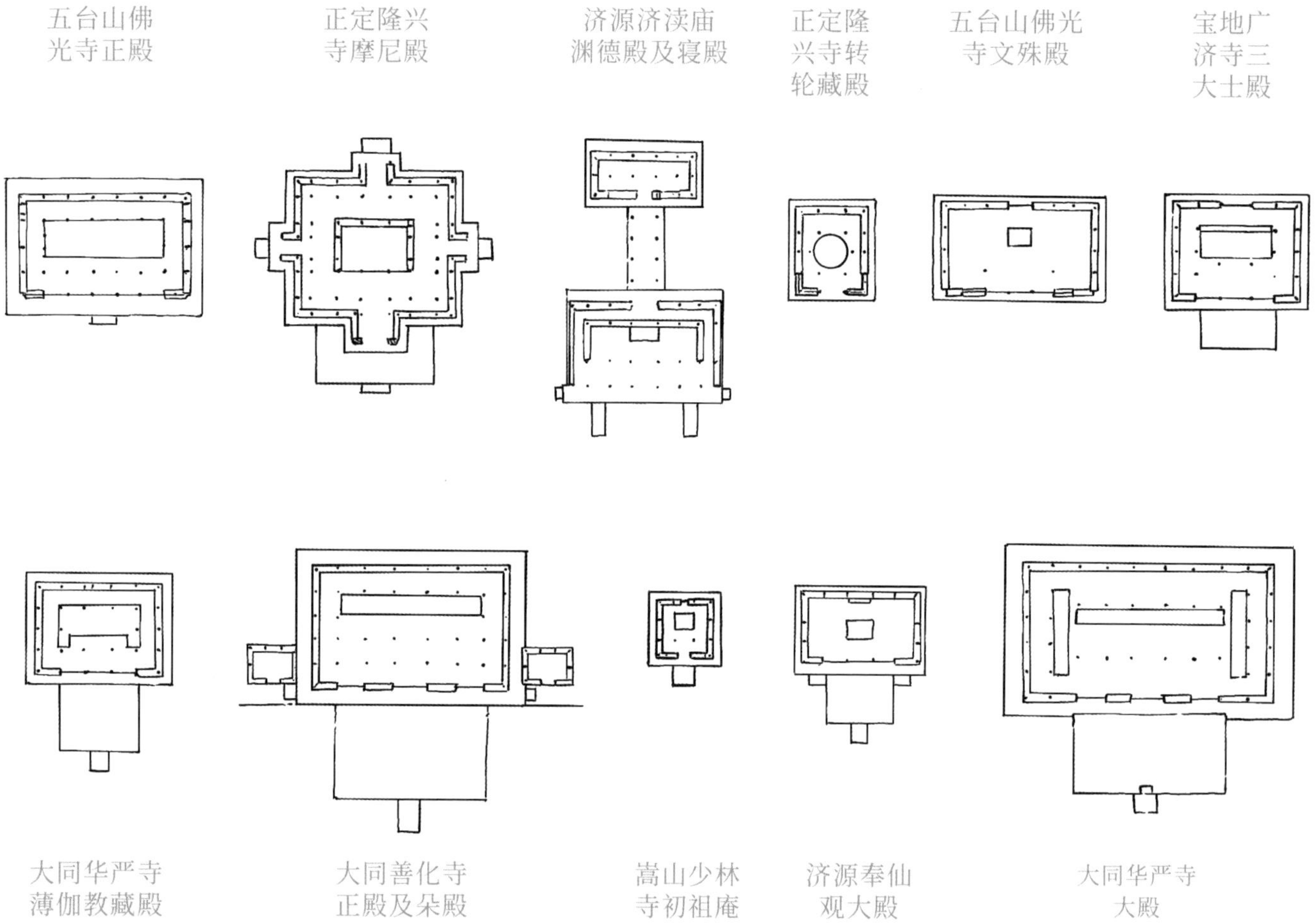

此图罗列了我国现存比较有价值的木构殿堂建筑的平面图。可以看出这类建筑都是由三部分组成的，一是台基，作为木构体系的基础，将建筑主体抬高，显示了建筑的地位和等级，也增加了木构的耐久性；二是木柱，一根根垂直的木柱（图上的黑点）是整个木构体系的生发原点，支撑了整座建筑，同时木柱的排列

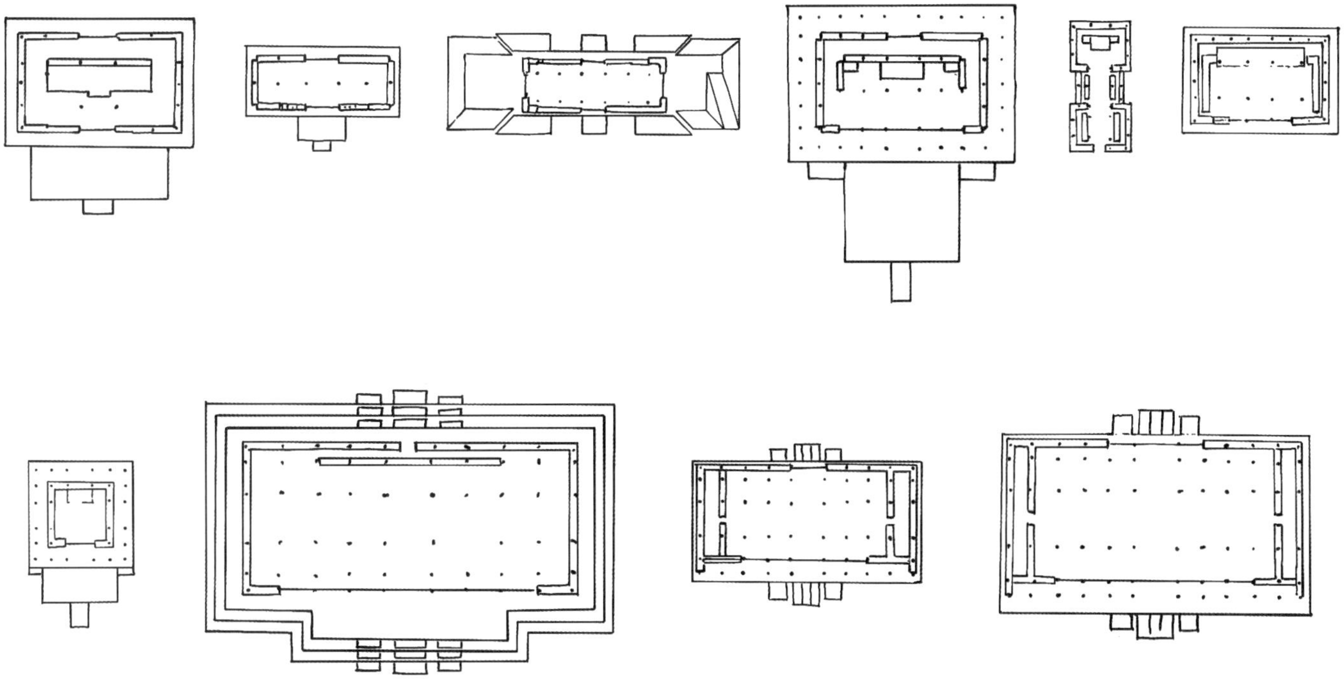

大同善化寺三圣殿　大同善化寺山门　正定阳和楼　曲阳北岳庙德宁之殿　安平圣姑庙　赵城广胜寺大殿

赵城广胜寺明应王殿　昌平明长陵祾恩殿　北京故宫保和殿　北京故宫太和殿

方式可以根据功能需要灵活组合，这是我国传统建筑的一个伟大发明；三是维护体系，包括门窗和墙体，在大部分木构建筑中，维护体系是没有结构上的作用的，只用于隔离建筑的内部与外部，在少部分小型木构建筑中，墙体有增加结构稳定性的作用。

保和殿
中和殿
后右门
崇楼

中左门
左翼门
太和殿

祈年殿

在中国传统建筑的谱系中，有一类建筑专门为皇帝祭天祈求风调雨顺、五谷丰登所用，称为“明堂”。历朝历代的皇帝都建有明堂，据史书记载，以唐代武则天在洛阳所建明堂最为壮观。随着朝代的更替，建筑也大多被毁，目前我国仅存一例明堂建筑，就是北京天坛的祈年殿。

祈年殿始建于明永乐十八年（1420 年），后于光绪年间毁于雷火又重建，今天我们所看到的祈年殿，是 1970 年按雷火焚毁之前的规制重新修建的。祈年殿是按照“敬天礼神”的思想设计的，大殿的三层台基和殿身平面均为圆形，象征天圆；三重檐屋顶为蓝瓦，象征蓝天；而其约 38 米的高度，使它曾经是北京城内最高的建筑，体现了皇帝渴望与天接近的愿望。

除形式外，祈年殿的结构体系也与天相关：殿内中央有 4 根柱，名为“龙井柱”，象征一年四季；围绕“龙井柱”的是 12 根“金柱”，象征一年的 12 个月；最外围紧贴立面还有 12 根“檐柱”，象征一天的 12 个时辰；“金柱”和“檐柱”相加共 24 根，象征一年的 24 个节气；等等。从这个角度看，祈年殿的木构构件没有一根是多余的，可见皇帝祭天的虔诚。

天坛祈年殿 · 装饰画 欧阳星绘

故宫太和殿 · 装裱画 欧阳星绘

故宫御花园 · 铜象 · 装裱画 欧阳星绘

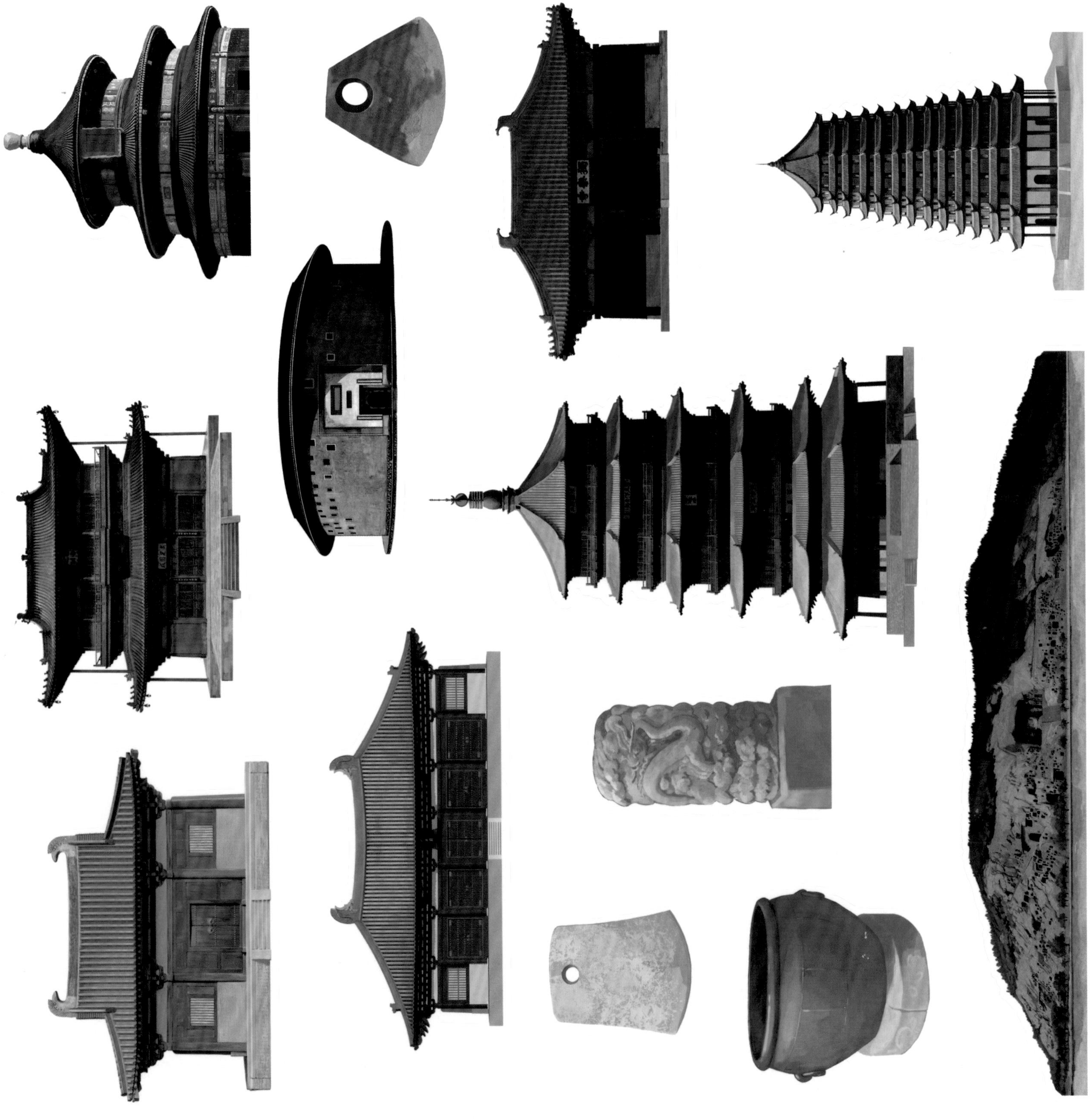

祈年殿

Hall of Prayer for Good Harvests

位置：北京市东城区天坛公园北部
年代：始建于明永乐十八年（1420年），后多次焚毁重建
规模：建筑面积460平方米，建筑高度31米（包含台基共约38米）
类型：皇家祭祀场所

祈年殿的建筑特点

祈年殿是最具宇宙象征的中国古建筑之一，以 3 个圆顶、4 根巨柱与 24 根环列柱构成祭天空间。其外观为圆形三重攒尖顶。内部的柱子采用“外圆内方”的系统排列，反映中国古代的方圆思想及空间观念。

祈年殿的建筑特点是整个建筑没有大梁，完全依靠 28 根楠木柱和若干枋来承重，在中国传统木构建筑的体系中，梁和枋虽然都是横向结构构件，但梁的作用为承重，而枋的作用只是连接。

然而没有大梁的木构建筑是非常罕见的，祈年殿通过增加枋的数量和质量来保证整体的稳定性。此外，设置于柱头和枋顶的 4 种斗拱（共 200 多个），除装饰作用外，也对支撑三重檐屋顶和增加整体稳定性起到重要的作用。

祈谷坛的三重坛台围绕祈年殿延展，殿坛形成一个整体，代表了最高等级。

在天坛内，不仅祈年殿是圆形格局，它南侧的圜丘和皇穹宇，也为圆形。圜丘和祈年殿同在一条南北轴线上，一虚一实，遥相呼应。祭天祈福的功能，决定了天坛的总体格局，也决定了祈年殿木构体系的营造方式。

祈年殿的殿座是圆形的祈谷坛。祈谷坛的三重坛台围绕祈年殿延展，殿坛形成一个整体。三层重檐的攒尖宝顶，三层汉白玉石坛，殿内有三层环立的 28 根大柱、殿顶藻井，以及藻井周围环立的 8 根童柱，这些都是用圆形来表现的。三重檐、三重基则是表现“天有三阶”之说，强调“天人”之间的紧密联系，呈现出了“敬天礼神”的观念。

大殿的三层台基和殿身平面均为圆形，象征天圆；屋顶为三重圆攒尖顶，采用蓝瓦，象征蓝天。

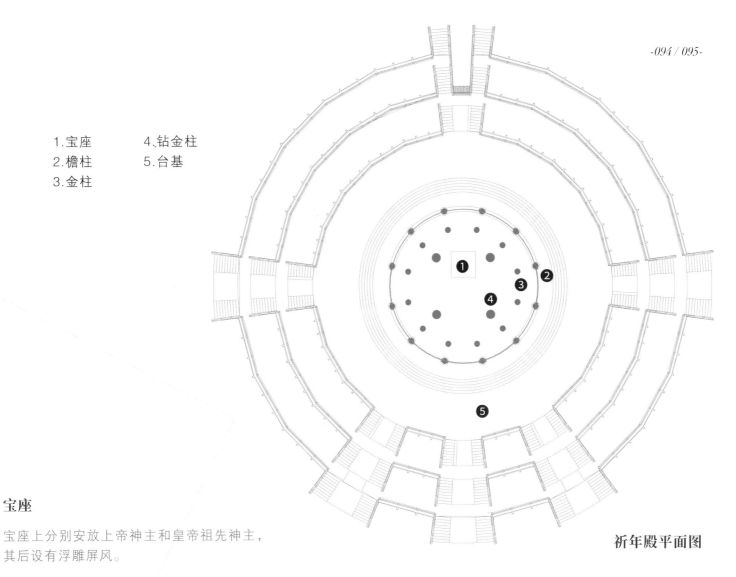

1.宝座　　4.钻金柱
2.檐柱　　5.台基
3.金柱

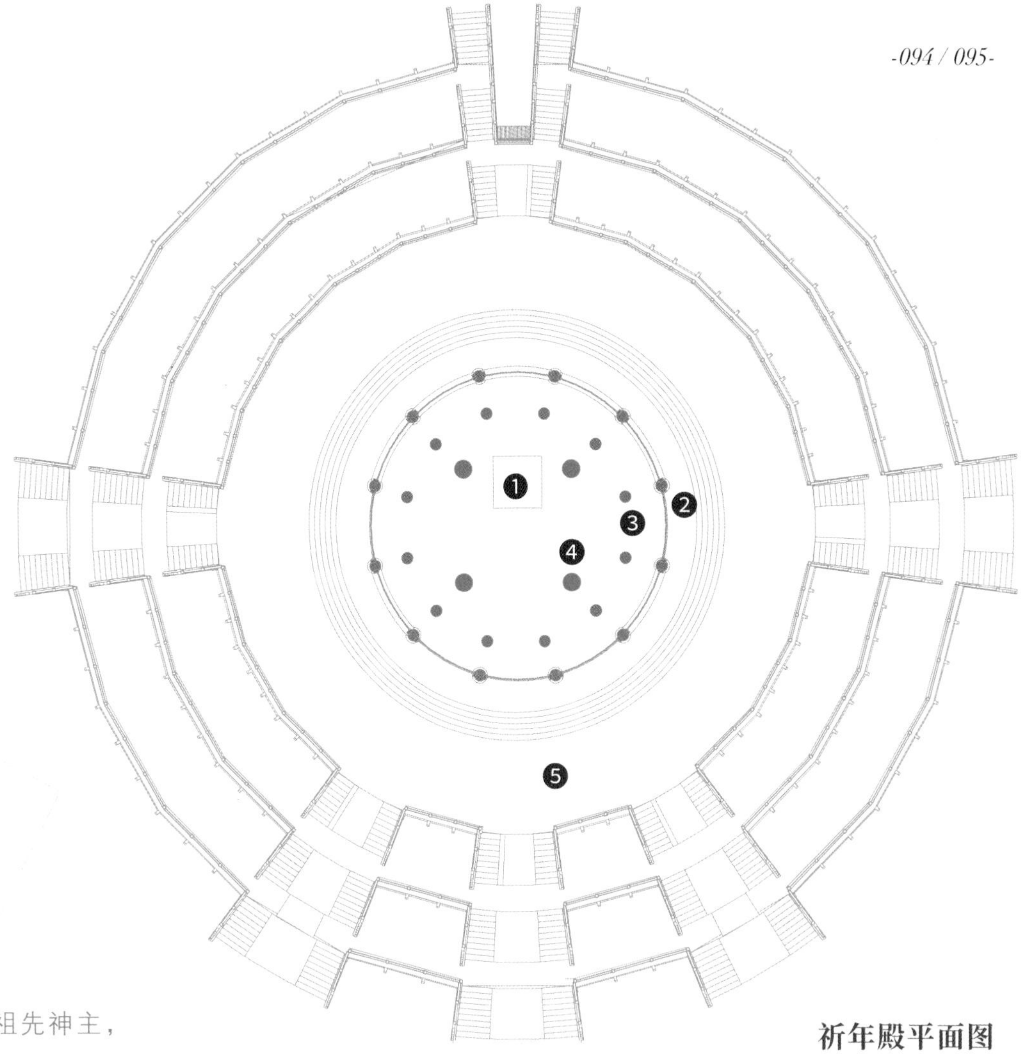

祈年殿平面图

宝座

宝座上分别安放上帝神主和皇帝祖先神主，其后设有浮雕屏风。

钻金柱

内圈4根钻金柱高19.2米，直径1.2米，代表一年四季，主要是支撑上层屋檐，柱身通体为沥粉镏金蟠龙彩绘。

金柱

中间12根金柱代表12个月，排列成圆形，支撑着第二层屋檐。柱身漆上红色，与外柱间形成环形走廊。

檐柱

外围12根檐柱代表12时辰，支撑着第三层屋檐。

台基

祈年殿的三重汉白玉台基，称为祈谷坛，与三重檐相呼应。

上檐、琉璃瓦

伞状圆形攒尖顶与青色琉璃瓦，以青色代表天。由于屋坡弧度陡峭，屋瓦烧制难度相当大。

上檐斗拱

檐下繁密的斗拱既作为建筑装饰，还有结构衔接的功能。

钻金柱

中檐斗拱

下檐

下檐与中檐的间距小于上檐与中檐的间距，这样的设计方式可以增加三重圆形屋顶配合的律动变化。

额枋

格窗

将室外光线引入室内，与殿内金碧辉煌的彩画交相辉映。

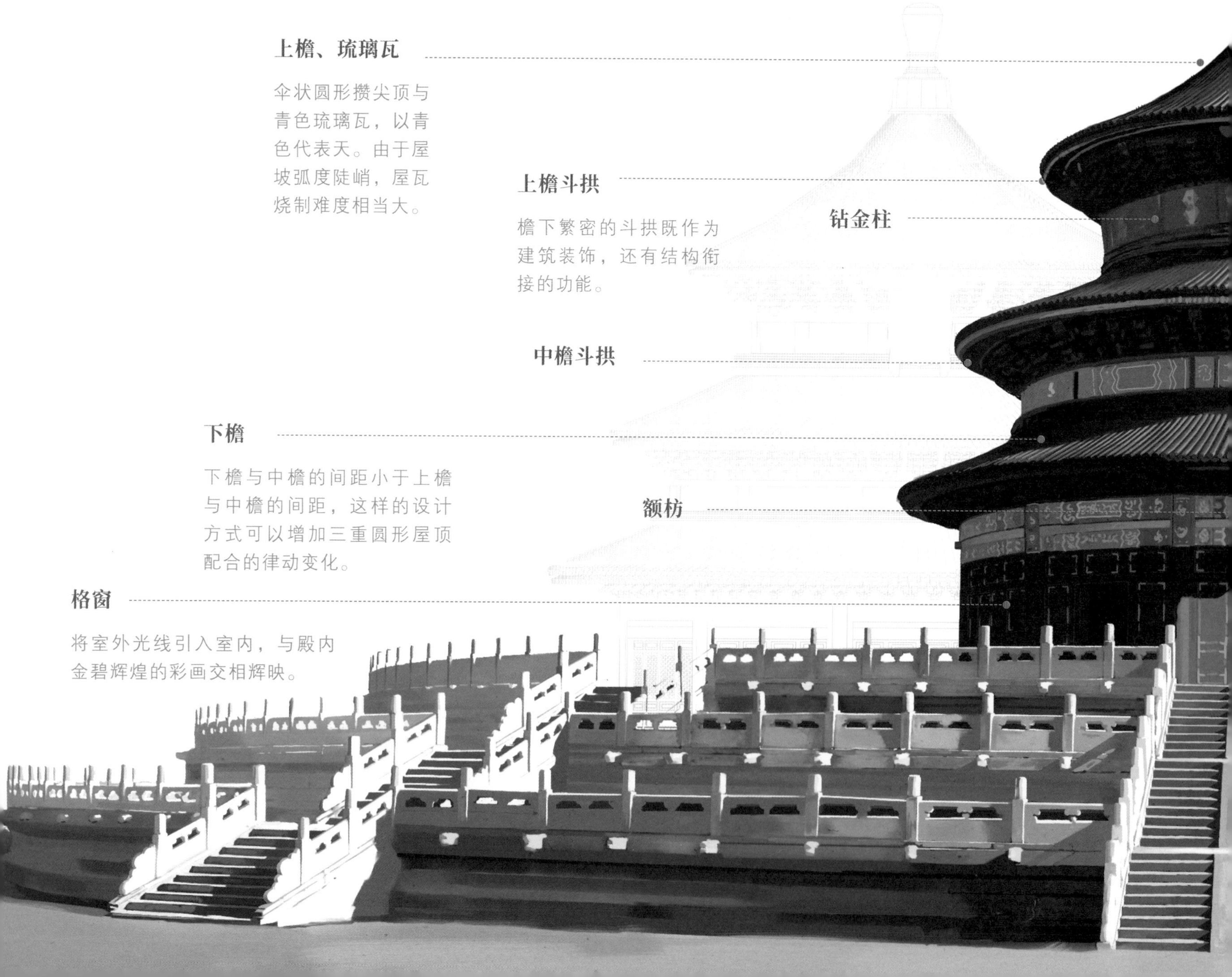

祈年殿大殿面积约为460平方米，是一座鎏金宝顶、蓝瓦红柱、金碧辉煌的彩绘三层重檐圆形大殿。其外观为圆形三重攒尖顶，内部的柱子采用“外圆内方”的系统排列，反映中国古代的方圆思想及空间观念。

祈年殿采用的是上殿下屋的构造形式，是按照“敬天礼神”的思想设计的，殿为圆形，象征天圆；瓦为蓝色，象征蓝天。这种设计也受到了“天蓝地黄”传统观念的影响。

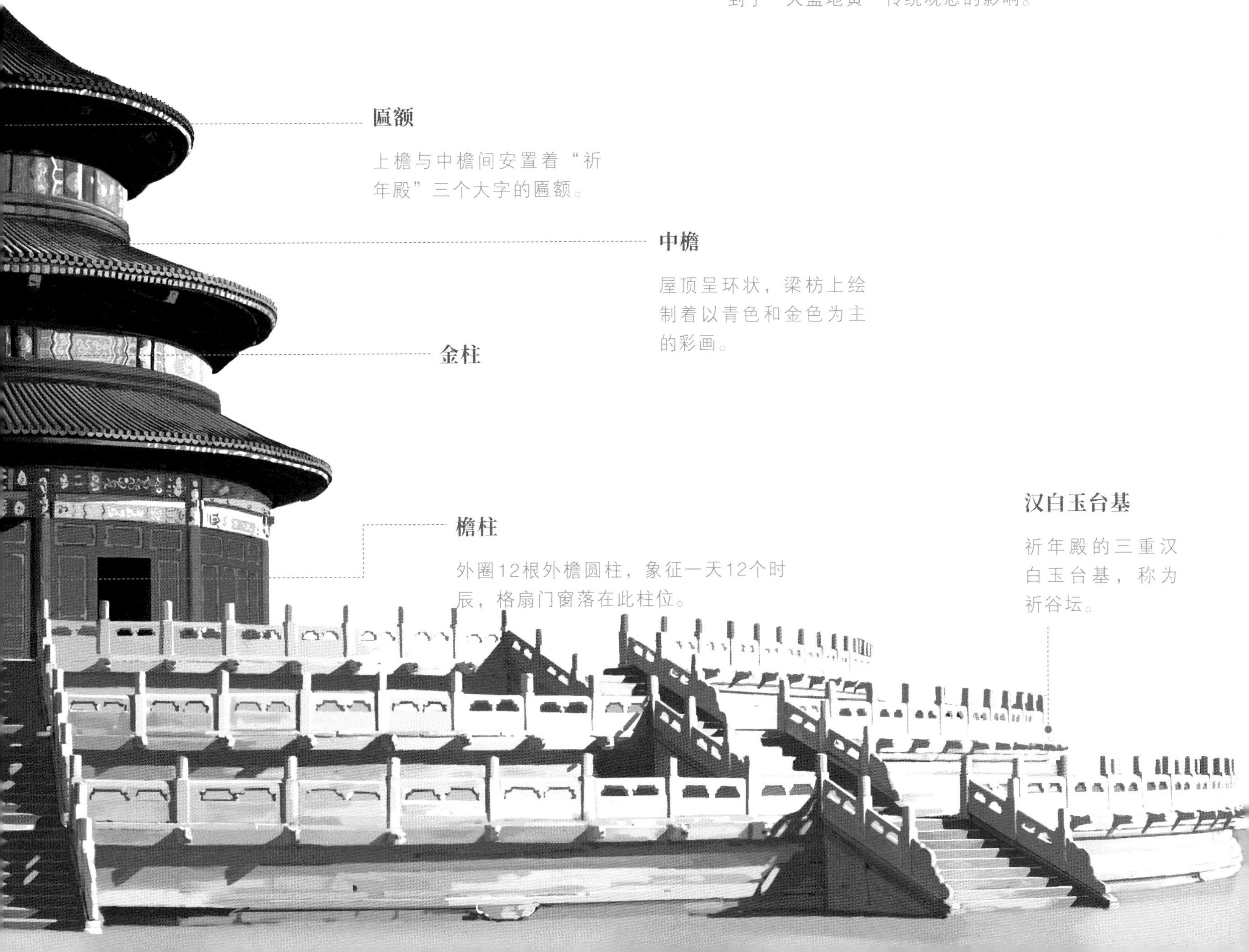
鎏金宝顶
上檐攒尖顶收头，为金色，极为尊贵。
匾额
上檐与中檐间安置着“祈年殿”三个大字的匾额。
中檐
屋顶呈环状，梁枋上绘制着以青色和金色为主的彩画。
金柱
檐柱
外圈12根外檐圆柱，象征一天12个时辰，格扇门窗落在此柱位。
汉白玉台基
祈年殿的三重汉白玉台基，称为祈谷坛。

佛光寺东大殿

佛光寺东大殿位于山西省五台县东北的佛光寺中轴线东端高台之上。建筑面阔七间，进深四间，高 17.66 米，是目前我国现存的第二古老的木构建筑，也是规模最大的木构建筑遗迹。它重建于唐大中十一年（857 年），后埋没于民间，只在敦煌壁画中有所体现。

1937 年，经梁思成、林徽因实地考察和测绘，将成果写成《记五台山佛光寺建筑》一文，发表在《中国营造学社汇刊》第 7 卷第 1、2 期上，轰动世界。相较于明清建筑，唐宋建筑的结构和空间更为明确统一，木构本身更具气魄。

时过境迁，传统的木结构建造方式已经被现代技术所代替。而佛光寺东大殿所代表的中国传统建筑的三要素的空间意向，则给一代又一代的中国建筑师的创作带来了灵感，指明了方向。

佛光寺

Foguang Temple

修成时间：唐大中十一年（857年）
地理位置：山西省五台县豆村镇东北的佛光山中

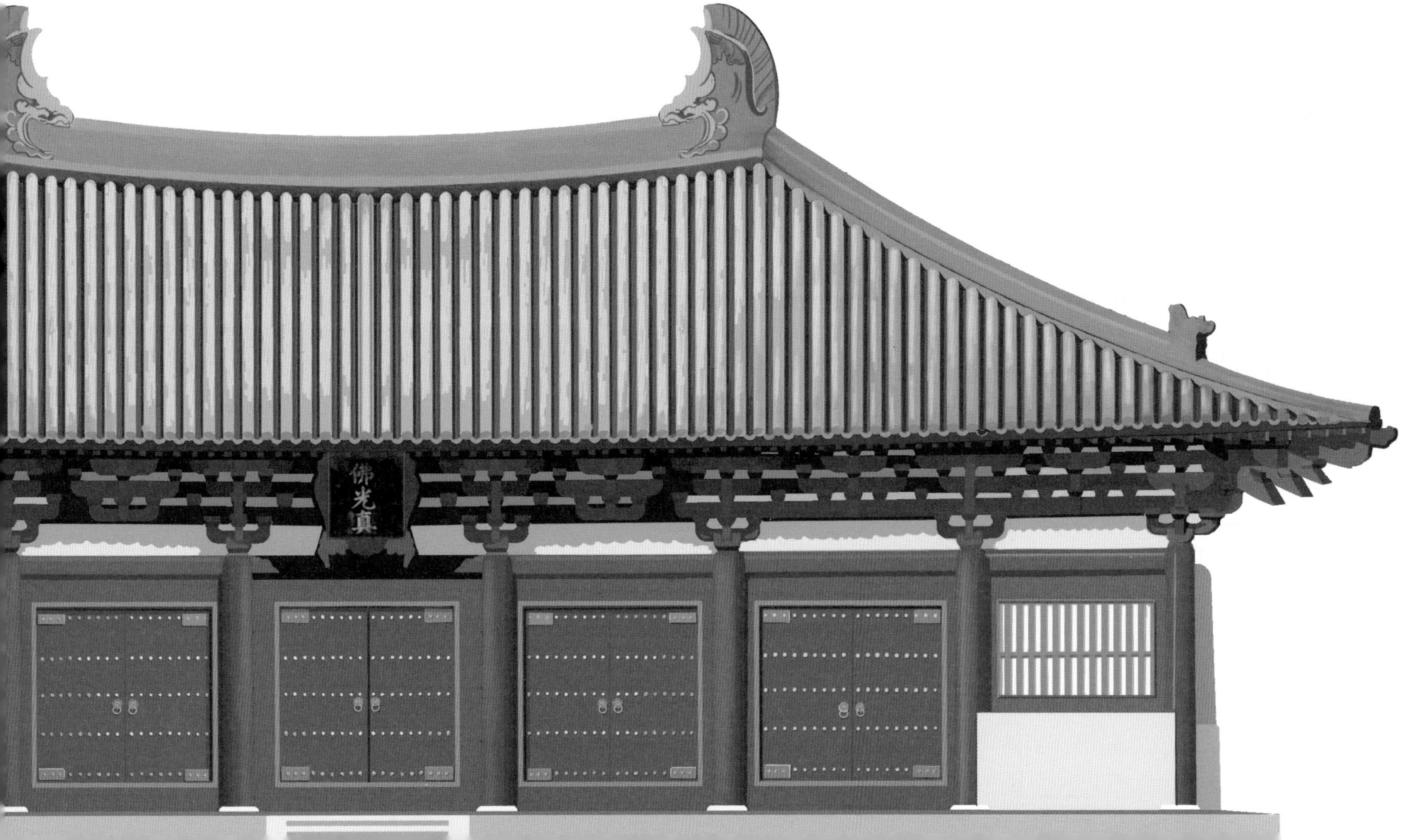
佛光真

佛光寺东大殿的建筑特点

佛光寺东大殿的木构体系从下到上依次由柱网、斗拱、梁架和屋顶组成。大殿的平面柱网为内外两周回字形的“金厢斗底槽”，将平面分为中间的内槽和一周外槽，内槽东半部建有佛坛，分布有 20 余尊泥塑。周围的外槽是可以行走的公共空间。像这种简洁清晰的结构柱网为唐代建筑所特有。

柱网之上是斗拱层，唐宋建筑的斗拱大气朴素，具有重要的结构作用。有学者经过细致测量得出结论，东大殿的斗拱断面尺寸为晚清的 10 倍左右大。正是这种大尺度

的斗拱系统，造就了唐代建筑出檐深远、曲线灵动的外形特征。东大殿的斗拱分布在内外两周柱子之上，共计 7 种，外檐斗拱有 3 种，分别为柱头辅作、补间辅作和转角辅作；槽内斗拱有 4 种，分别为柱头辅作、两山柱头辅作、补间辅作和转角辅作。

斗拱之上是梁架体系，在《记五台山佛光寺建筑》一文中，梁思成先生按位置分布，将梁栿（房梁）分为天花之下可见的“明栿”和天花之上不可见的“草栿”；又按梁栿与柱的关系，将梁栿分为内槽和外槽，而内槽大梁，则起到二者之间的联络作用。在这些主要的结构构件以外，还有若干辅助构件。

除了木构体系，佛光寺东大殿还有壁画、题字、石像等。佛光寺东大殿虽为仅存的两座唐代建筑之一，但已经可以让我们在 1000 多年以后，对中国社会最鼎盛时期的木构建筑叹为观止。

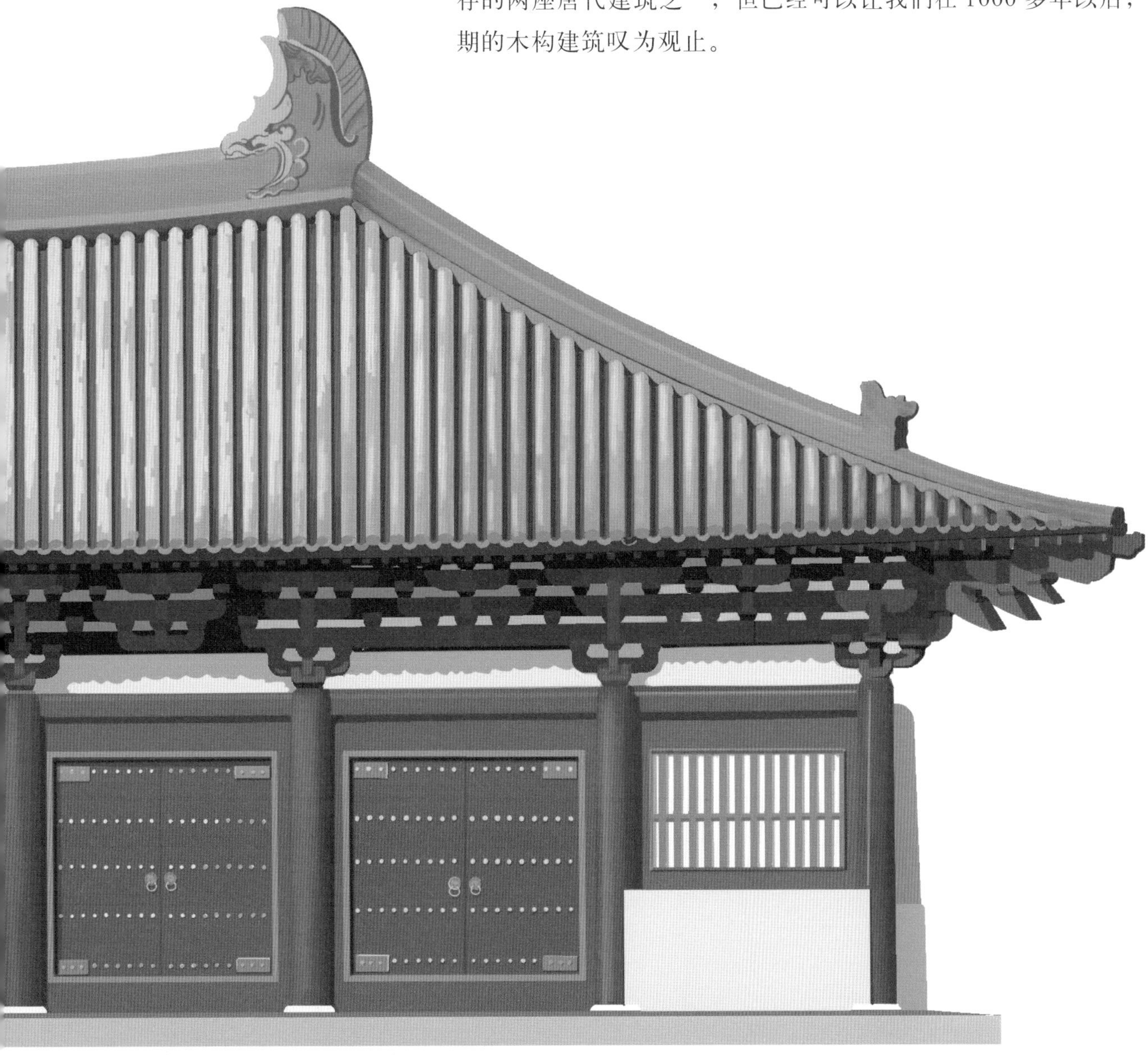

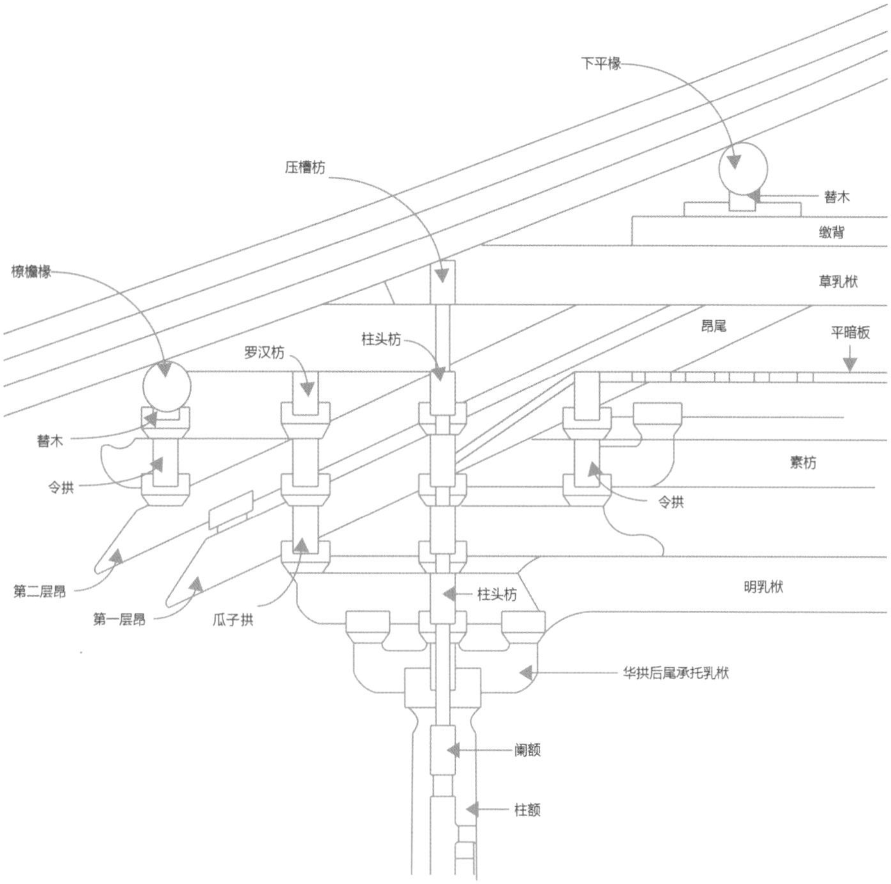

佛光寺大殿外檐柱头辅作示意图

补间辅作

辅作也称斗拱，是中国传统木构建筑的重要结构构件，它起到连接立柱和梁枋，以及支撑屋顶悬挑的力学作用。

补间辅作是两柱之间的斗拱，也称柱间斗拱。斗拱下面连接的是柱子之间的额枋。

柱头辅作

柱头辅作是立柱之上的斗拱，斗拱下面与柱子直接相连，是建筑中最重要的承重斗拱。

虽然在中国传统木结构建筑中，其构件名称是相对统一的。但不同的建筑，其构件的形制和做法又各不相同。下图为河南登封少林寺初祖庵的外檐补间辅作和外檐柱头辅作示意图，我们可以看出其与佛光寺东大殿辅作的区别。

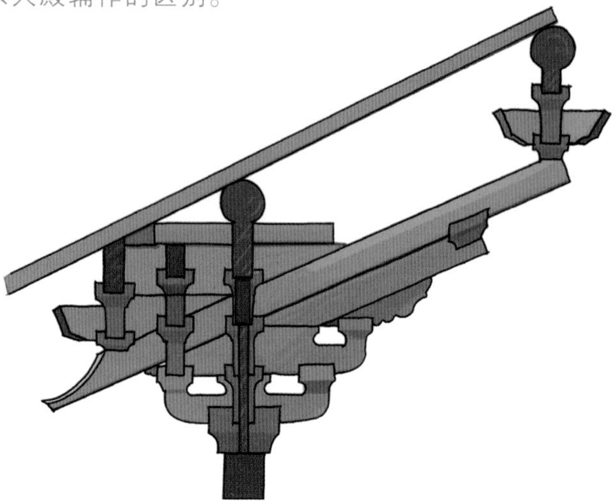

外檐补间辅作

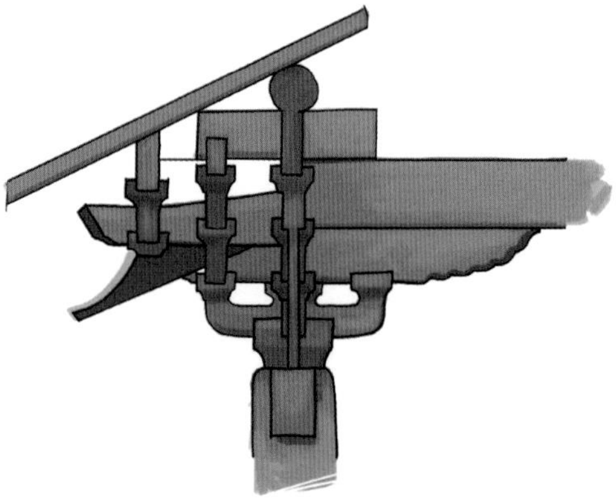

外檐柱头辅作

佛光寺大殿
外檐柱头辅作

屋顶

佛光寺东大殿使用最高级的四阿顶，即四坡五脊庑殿顶。其展现出的唐代建筑的屋顶坡度是内部所有结构构件按严格的逻辑秩序生成的一种结果，因此比较缓和。清代建筑则与此不同，因为技术上的成熟，为了追求形式上的极致，坡度往往比较陡峻。

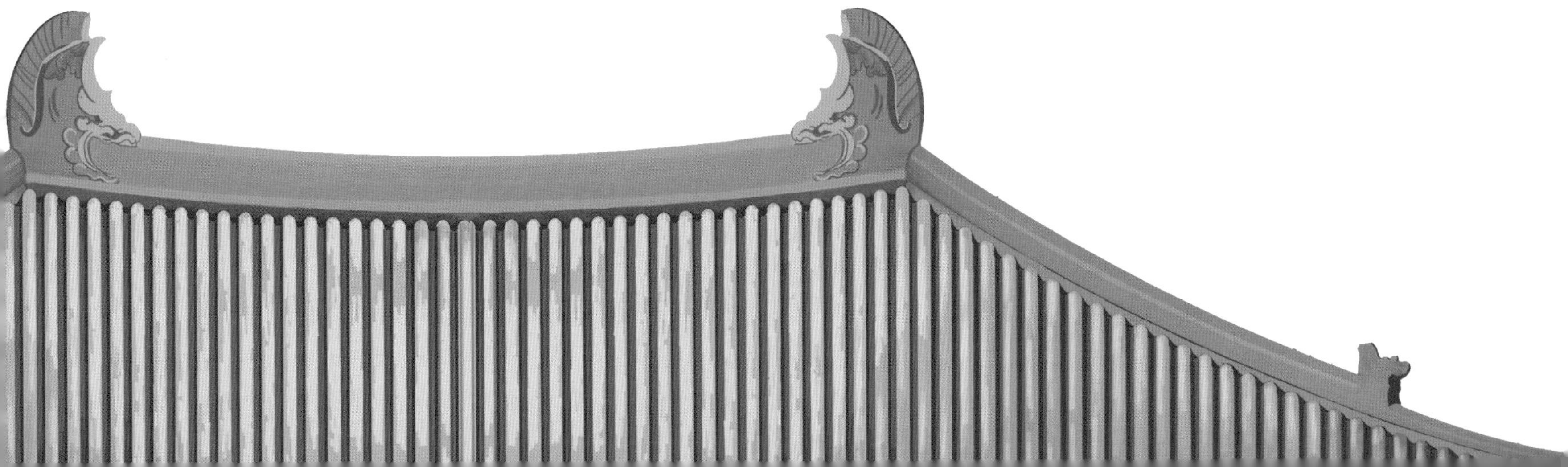

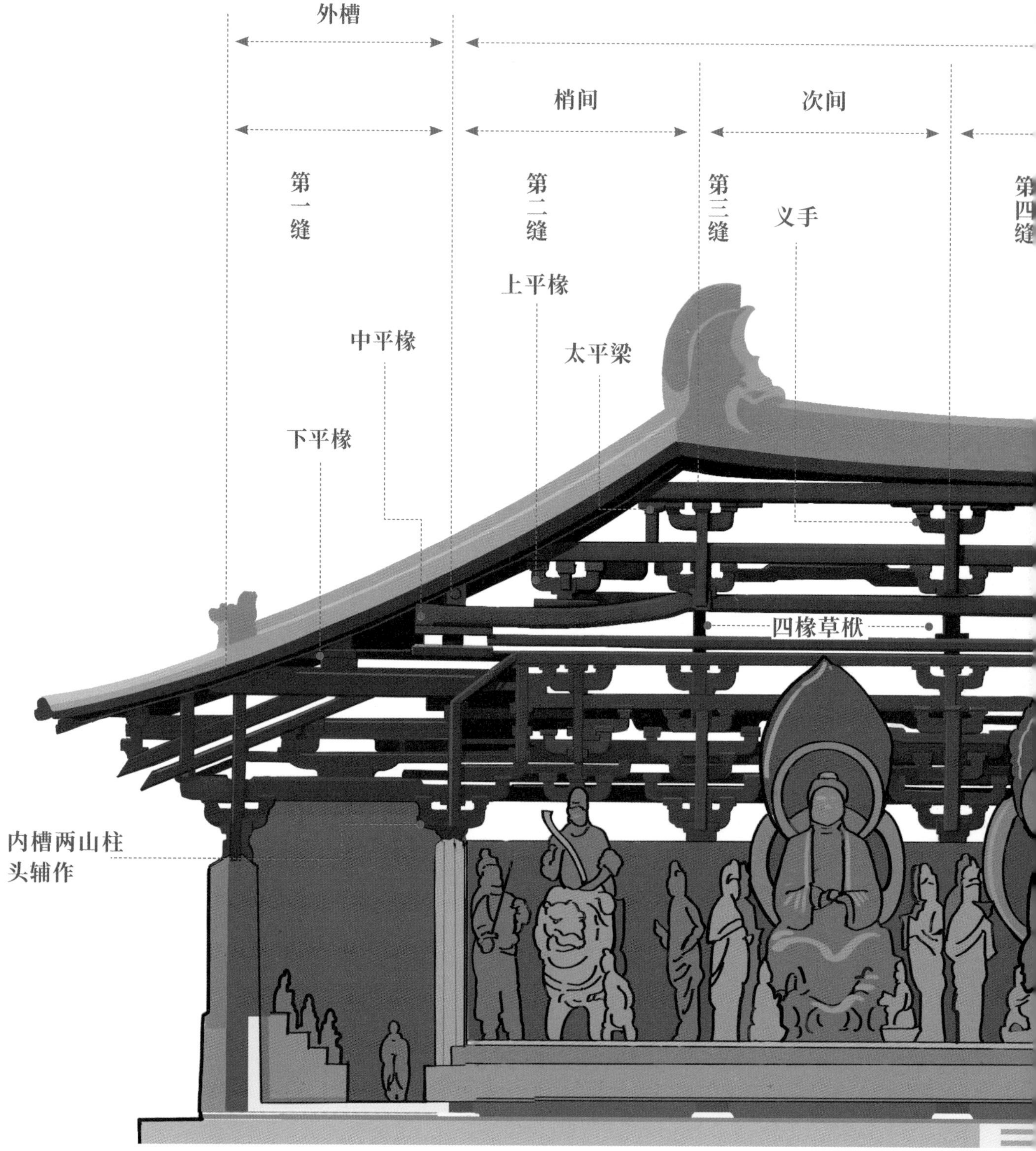
外槽
梢间
次间
第一缝
第二缝
第三缝
第四缝
义手
上平椽
中平椽
太平梁
下平椽
四椽草栿
内槽两山柱头辅作

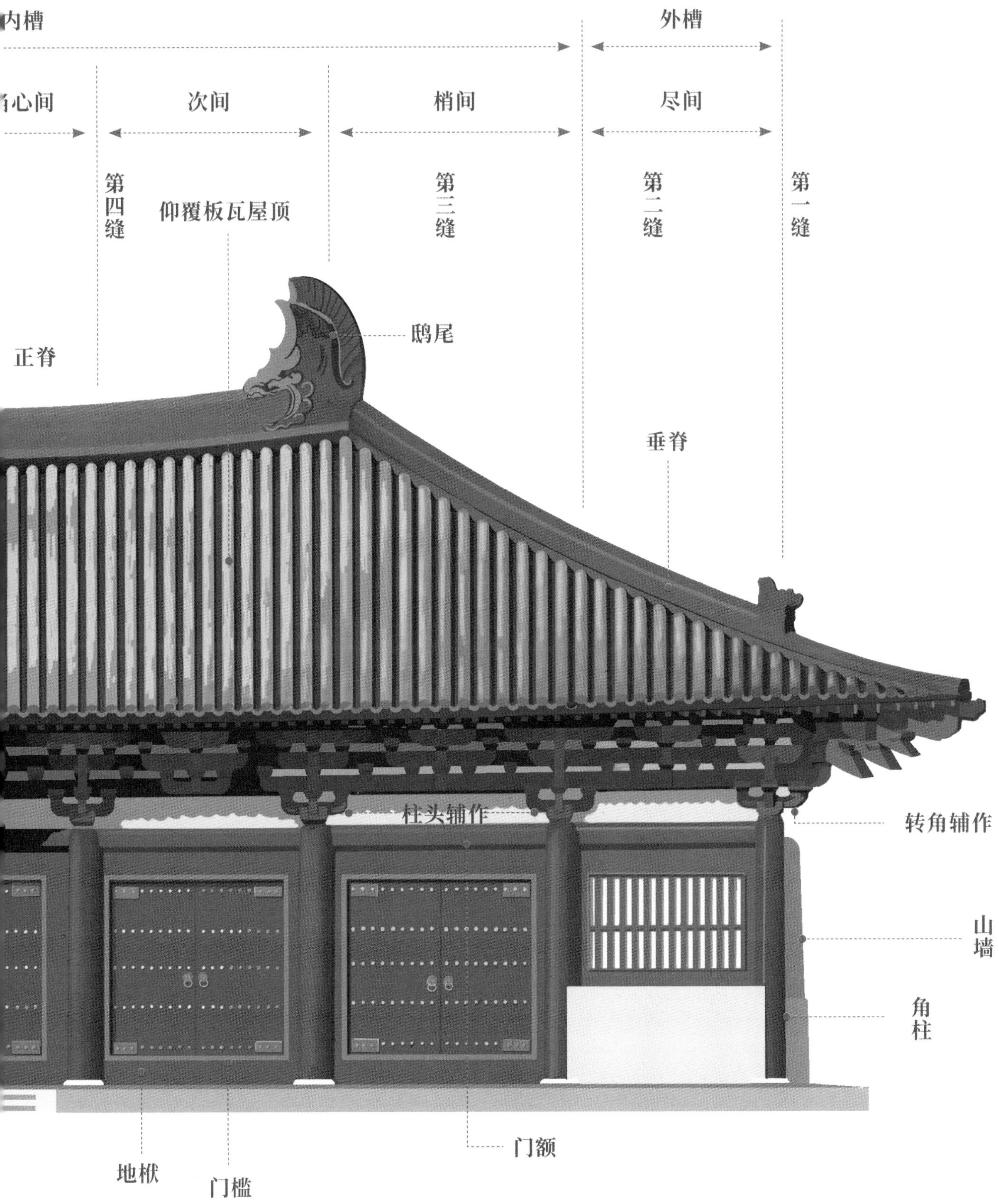
内槽
外槽
心间
次间
梢间
尽间
第四缝
仰覆板瓦屋顶
第三缝
第二缝
第一缝
鸱尾
正脊
垂脊
柱头辅作
转角辅作
山墙
角柱
地栿
门槛
门额

历代阑额普拍枋演变图

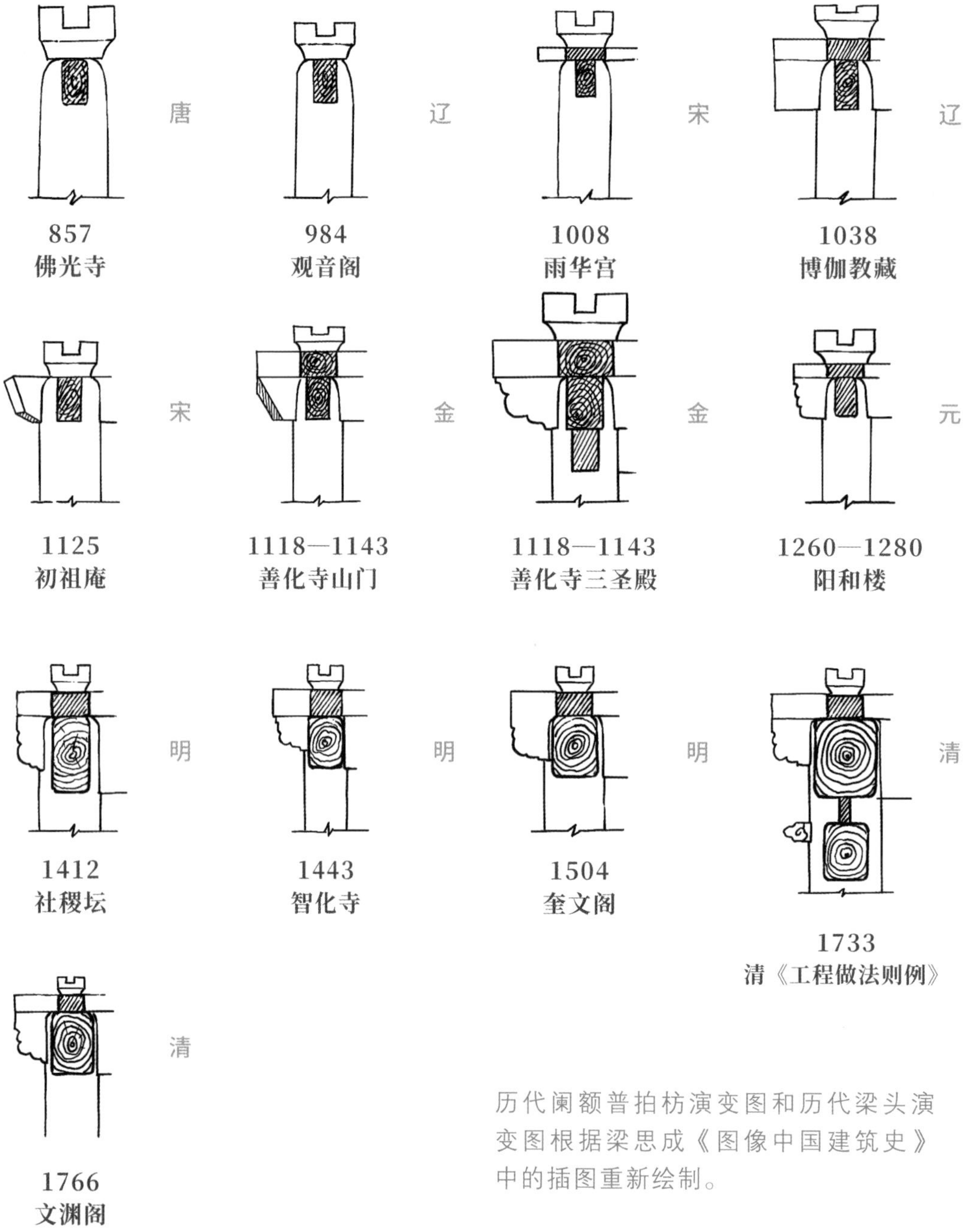

历代阑额普拍枋演变图和历代梁头演变图根据梁思成《图像中国建筑史》中的插图重新绘制。

这两张图描绘的是从唐代至清代中国传统木构建筑的关键结构构件“斗拱”和“额枋”的变化。

唐宋建筑斗拱宏大而额枋小巧，因为当时建筑的屋顶出挑深远且主要依靠斗拱来实现重力的传递；而到了明清时期，建筑更为注重宏伟和美观，而且建筑中的梁枋柱的体系基本取代了斗拱的力学作用。因此，明清时期的木构建筑额枋变大，斗拱缩小且数量增多，主要蜕变为一种装饰构件。

历代梁头演变图

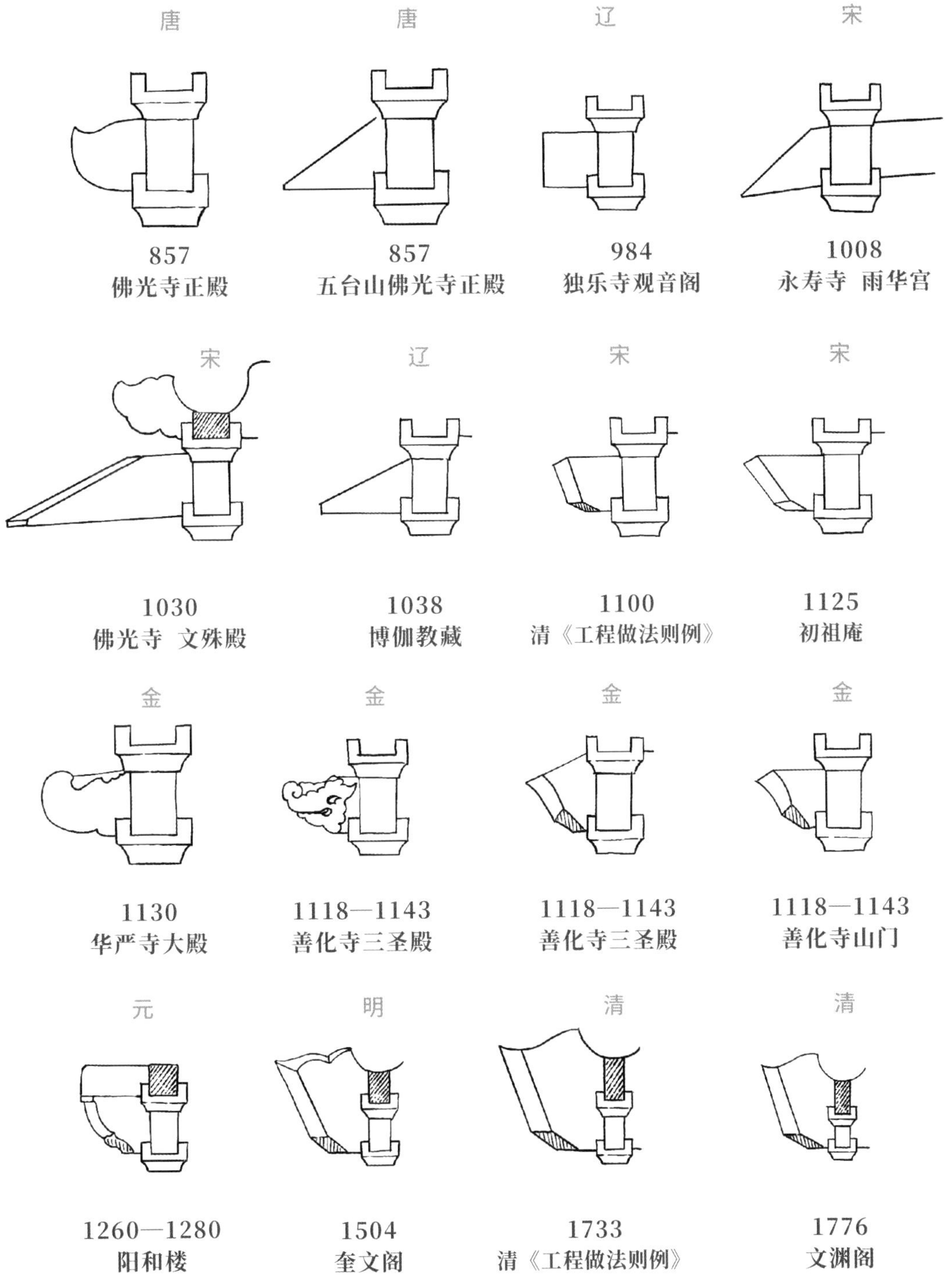
唐
857
佛光寺正殿
唐
857
五台山佛光寺正殿
辽
984
独乐寺观音阁
宋
1008
永寿寺 雨华宫
宋
1030
佛光寺 文殊殿
辽
1038
博伽教藏
宋
1100
清《工程做法则例》
宋
1125
初祖庵
金
1130
华严寺大殿
金
1118—1143
善化寺三圣殿
金
1118—1143
善化寺三圣殿
金
1118—1143
善化寺山门
元
1260—1280
阳和楼
明
1504
奎文阁
清
1733
清《工程做法则例》
清
1776
文渊阁

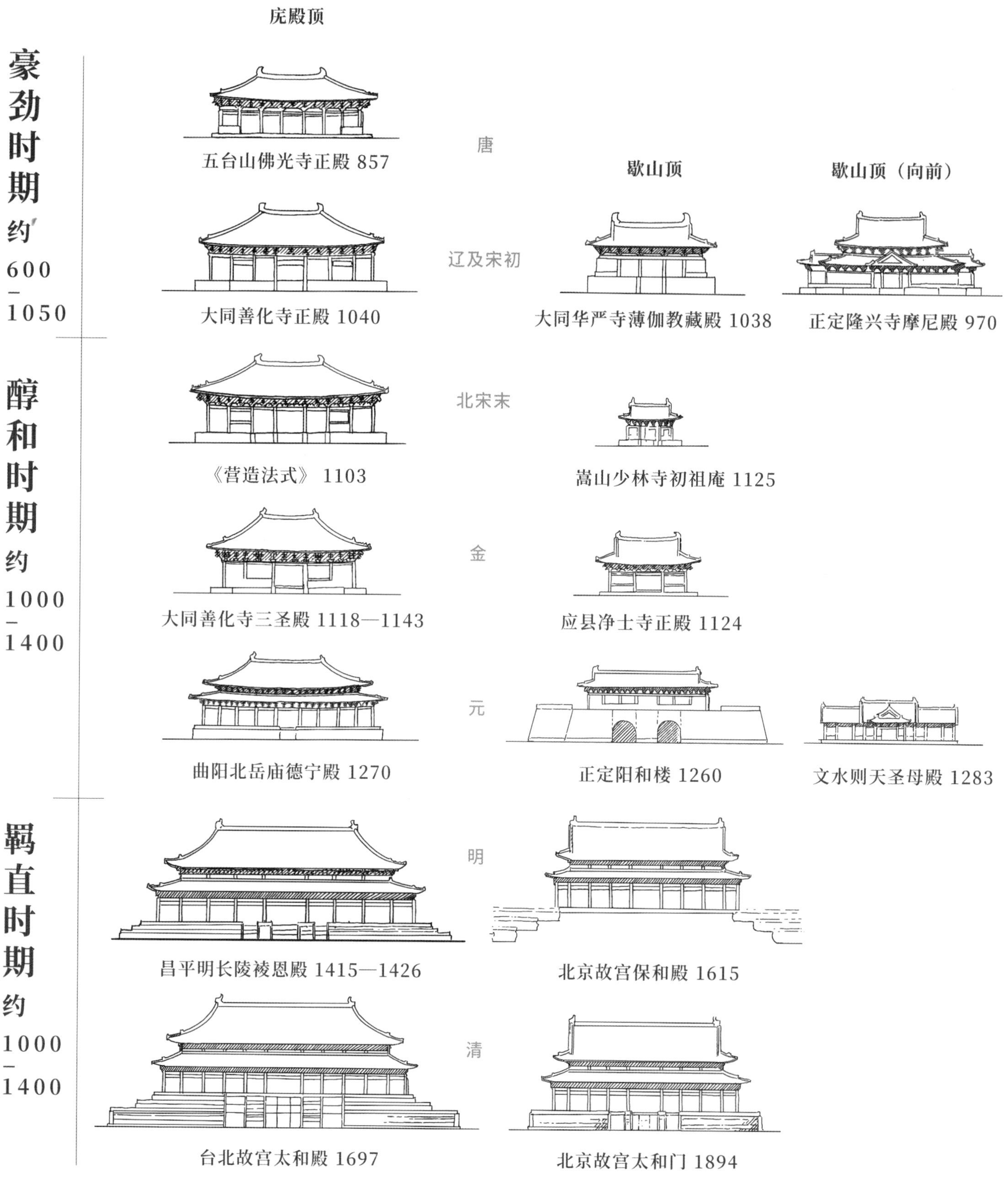
庑殿顶
歇山顶
歇山顶（向前）
豪劲时期
约
600
–
1050
唐
五台山佛光寺正殿 857
辽及宋初
大同善化寺正殿 1040
大同华严寺薄伽教藏殿 1038
正定隆兴寺摩尼殿 970
醇和时期
约
1000
–
1400
北宋末
《营造法式》 1103
嵩山少林寺初祖庵 1125
金
大同善化寺三圣殿 1118—1143
应县净土寺正殿 1124
元
曲阳北岳庙德宁殿 1270
正定阳和楼 1260
文水则天圣母殿 1283
羁直时期
约
1000
–
1400
明
昌平明长陵祾恩殿 1415—1426
北京故宫保和殿 1615
清
台北故宫太和殿 1697
北京故宫太和门 1894

历代木结构殿堂外观演变

此图梳理了我国现存木构建筑中的“殿”。按建筑年代和屋顶类型排序和分类，可以清晰地看出传统木构建筑在外观上的变化。这些变化与当时的社会风尚和技术水平息息相关。

总的来说，我国传统木构建筑由唐宋时期的“斗拱宏大，出檐深远”逐渐转变为明清时期的“斗拱细密，装饰奢华”，构成建筑外观的核心要素从结构逐渐转变为装饰。

此图根据梁思成《图像中国建筑史》中的插图重新绘制。

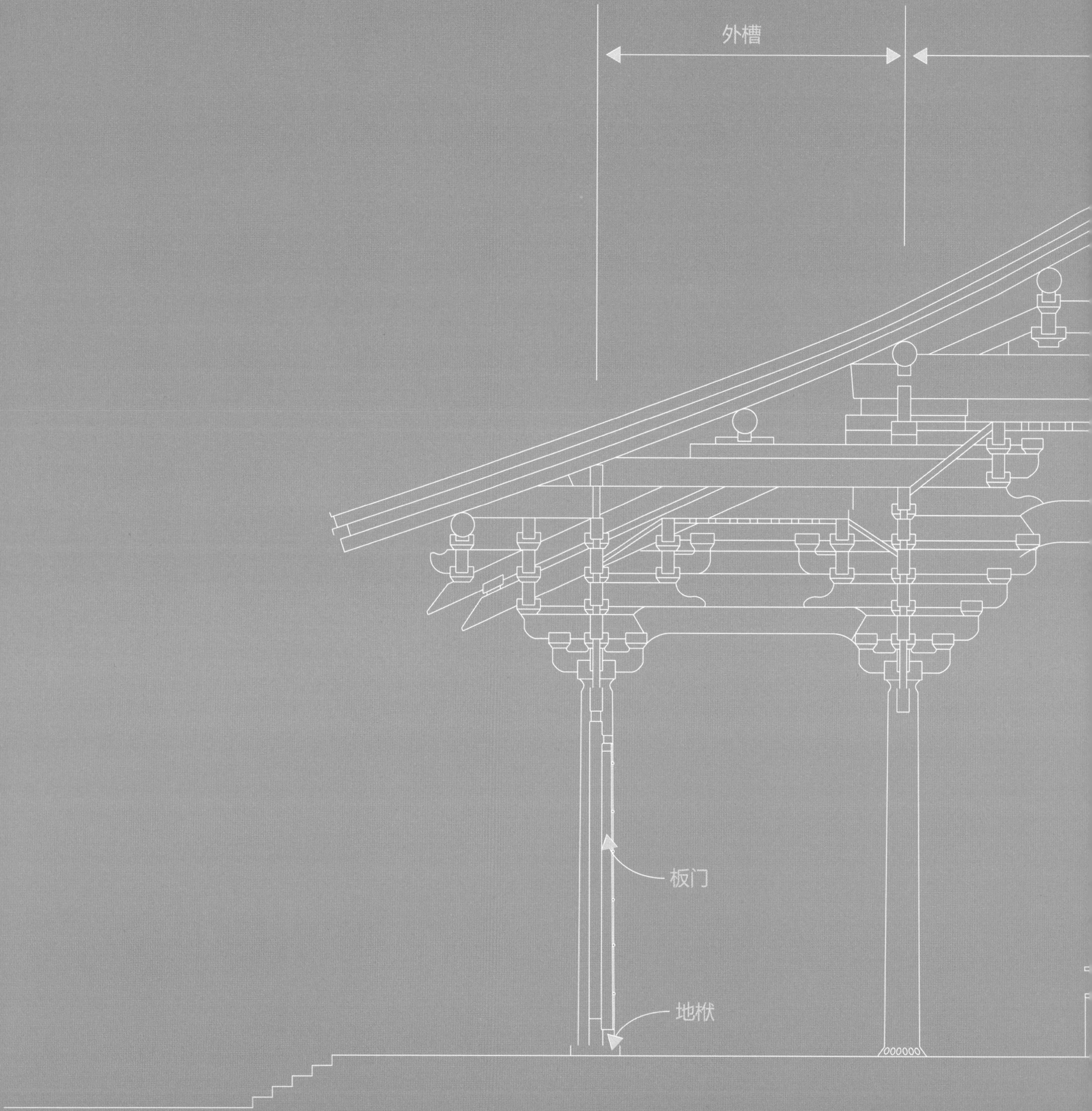
外槽
板门
地栿

外槽
外槽
平椽
四椽明栿
明乳栿

南禅寺大殿

南禅寺大殿
Main Hall of Nanchan Temple

位置：山西省五台山县西南的阳白乡李家庄
年代：始建年代不详，重建于唐德宗建中三年（782年），
　　　我国现存最早的木构建筑
规模：面阔、进深各三间，建筑面积约为120平方米
类型：佛教寺院大殿

大殿柱头斗拱

斗拱用材硕大，拱头券刹都为五瓣，每瓣仅用两根叉手承托脊，简洁有力。

转角辅作

转角辅作不施普拍枋，栌斗上出三向华拱。

鸱尾

在中国古建筑中，房顶上的脊兽是非常有意思的构件，据说鸱尾置于屋顶可以防火。

注：南禅寺屋顶的鸱尾经考证，为复原物。

佛光寺东大殿和南禅寺大殿虽年代久远，但在观者看来却形制壮丽、结构简练，建筑的比例似乎经过了严谨的推敲和把控。目前已知最早的详细记载木构建筑设计和建造细节的文献是北宋崇宁二年（1103 年）的《营造法式》。其中记载的建筑虽比这两座建筑的年代略晚，但不妨碍我们体会当时唐宋时期的木构建筑的建造思想。

《营造法式》中记录了各种建筑构件的尺寸系统和不同等级建筑的用料规则，并以“材契分”为基本单位来控制各种构件的尺寸。“材”为控制木料高度的单位；“契”为控制木料间隙的单位；“分”为材高的十五分之一，材宽的十分之一，是最小的长度单位，用来计算小型构件的尺度。一材加一契，共高 21 分，称为足材。同时，书中规定了材分八等，不同等级的建筑选用不同等级的材。有了这种科学的模数系统，整个建筑各个部位的构件如梁、柱、斗拱以及建筑物的面宽、进深尺寸都可以用“材契分”来确定。

《营造法式》是当时为了规范建筑工程用料所编纂的一本“规章制度”，内容极为细碎，并没有对建筑整体比例的规定，但通过专家学者对南禅寺大殿和佛光寺东大殿的整体比例的研究发现，这些建筑的整体也是遵循基本的“材契分”的秩序的。这就是我们目前所看到的两座唐代木构遗迹隐含的秩序法则。

直棂窗

直棂窗在唐代时期非常盛行。

双扇开门

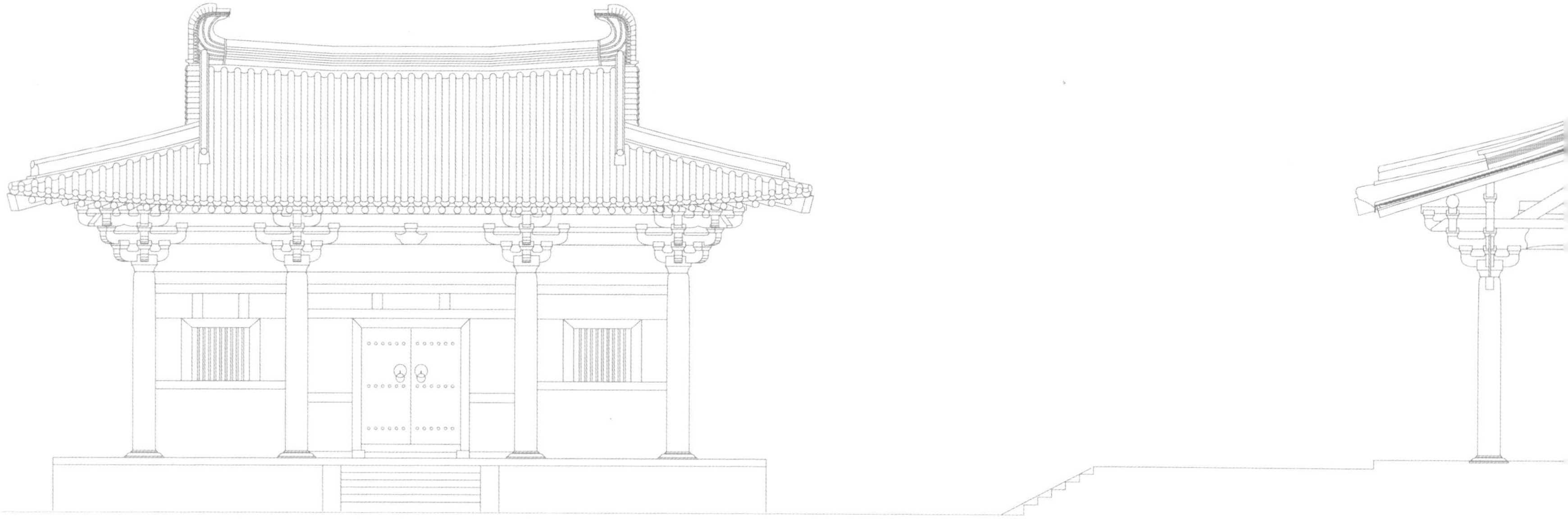

南禅寺立面图

南禅寺大殿的建筑特点

南禅寺大殿位于山西省五台县，同样属于唐代木构遗存，与佛光寺对比，南禅寺更为古朴动人，虽建筑体量稍小，但其建筑的年代要比佛光寺早 75 年。这座建筑是中国现存最古老的木构建筑。大殿面阔、进深各三间，平面接近正方。殿内无柱，只有 12 根檐柱与墙相融。需要指出的是，南禅寺大殿的屋顶坡度，是已知中国木构建筑中最平缓的。

此外，有趣的是，在南禅寺大殿的 12 根檐柱中，西侧的 3 根为方柱，有学者根据方柱的风化程度和制作手法判断，方柱的年代比其他圆柱要更久远，可能是南禅寺早期使用方柱，后来经过数次修缮，更换成圆柱。这种方柱与若干秦汉时期建筑遗迹中的方柱基础一脉相承，可见，在唐宋时期乃至更早的年代中，木构建筑并不都采用圆柱，方柱也是常见的样式。而在浙江景宁大漈的宋代木构建筑时思寺中，还可以看到一种方圆之间的变截面的柱式。

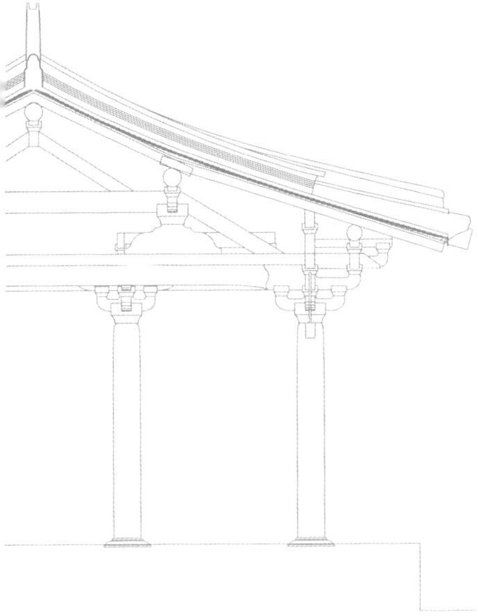

南禅寺剖面图

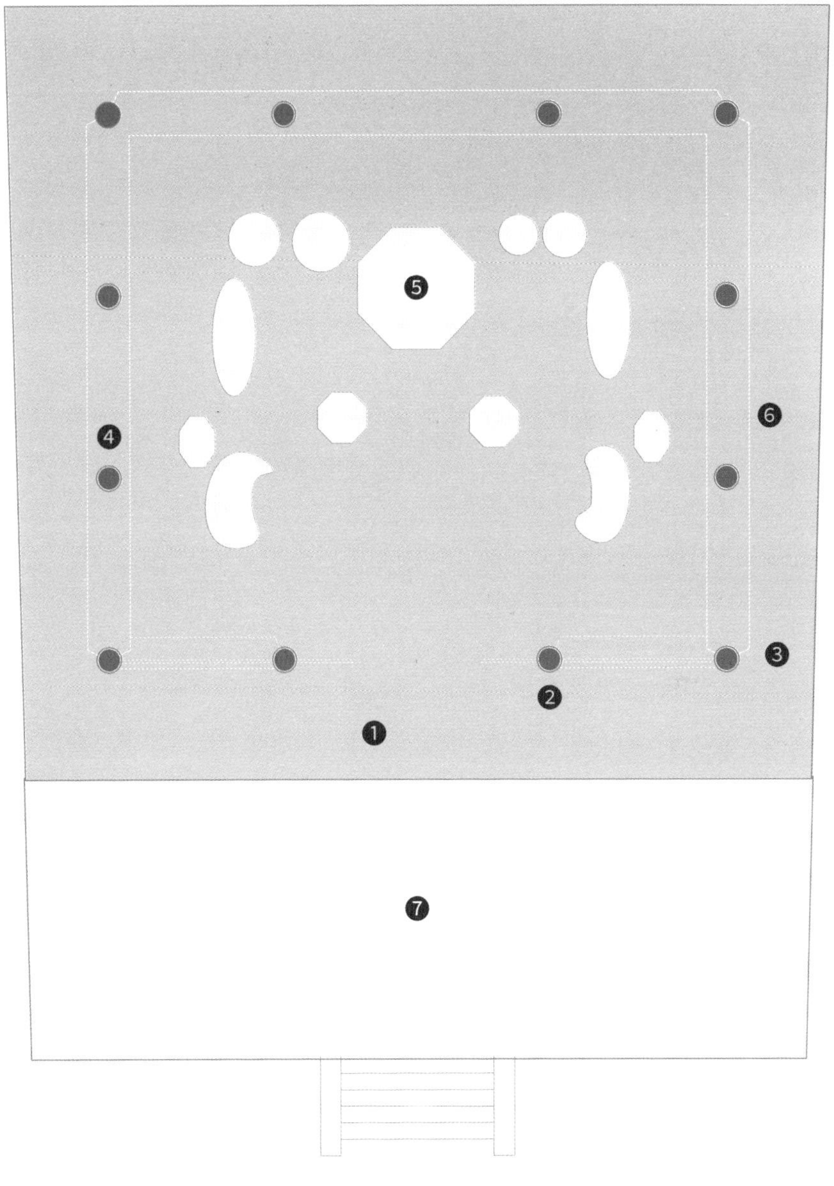

1.台基
2.平柱
3.角柱
4.山柱
5.佛龛
6.山墙
7.月台

南禅寺平面图

南禅寺大殿为保存最早的较为完整的木构大殿，大殿面阔、进深各三间，平面近方形，殿内空间与佛像的关系很协调，宗教气氛塑造得极为成功。呈“凹”字形的低台座约占殿内面积的一半。

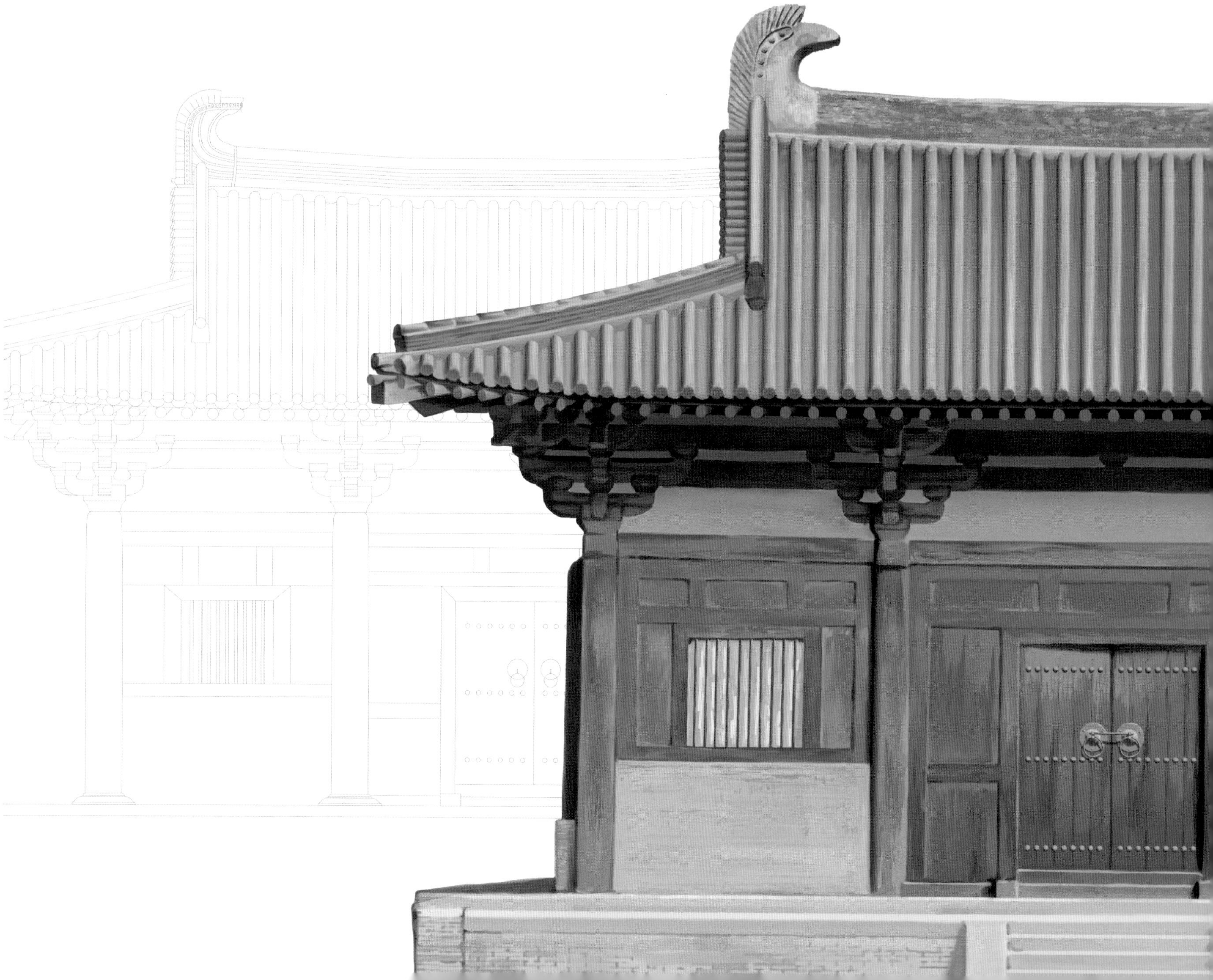

南禅寺大殿为中国现存最古老的一座唐代木结构建筑，由台基、屋架、屋顶三部分组成，坐北向南，为四合院形式。面阔三间，进深亦为三间，平面近正方形，立于高台座上。单檐歇山灰色筒板瓦屋顶，屋脊两侧装饰有鸱尾，明间为具门钉的双扇板门，左右设直棂窗，木柱嵌在厚墙内，殿内没有天花板。

大殿周围由 12 根结实的大柱支撑殿顶。四周檐柱稍内倾，与横梁构成斜角，4 个角柱稍高，与斗拱构成"翘起"，使梁、柱、枋的结构更加稳固。其木构件分布非常严谨，没有多余的结构，也不置补间铺作，简洁而意境深远。

南禅寺大殿形制壮丽，结构简练，完美地将力学与美学进行了有机结合。

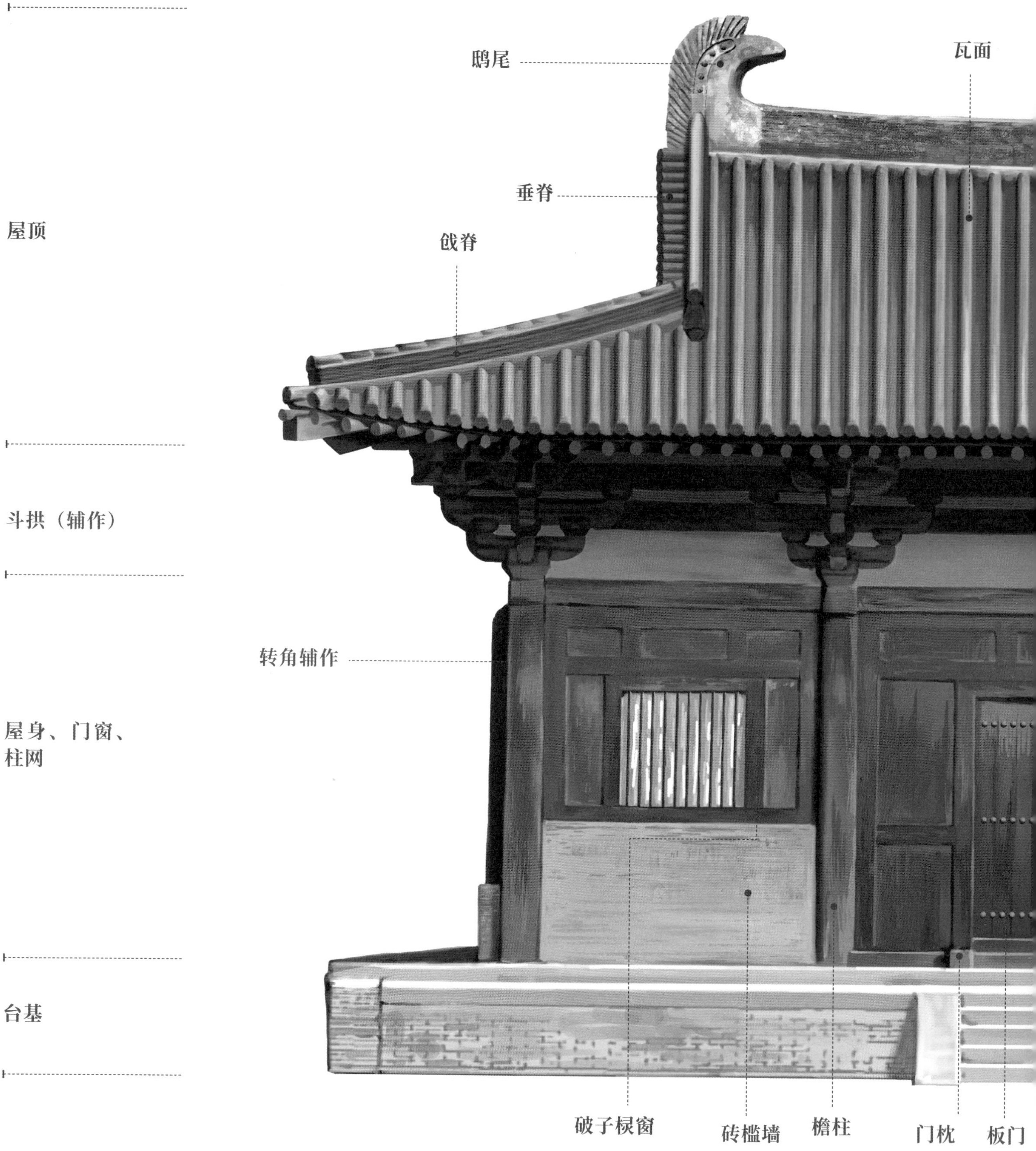

屋顶
斗拱（铺作）
屋身、门窗、
柱网
台基
鸱尾
瓦面
垂脊
戗脊
转角铺作
破子棂窗
砖槛墙
檐柱
门枕
板门

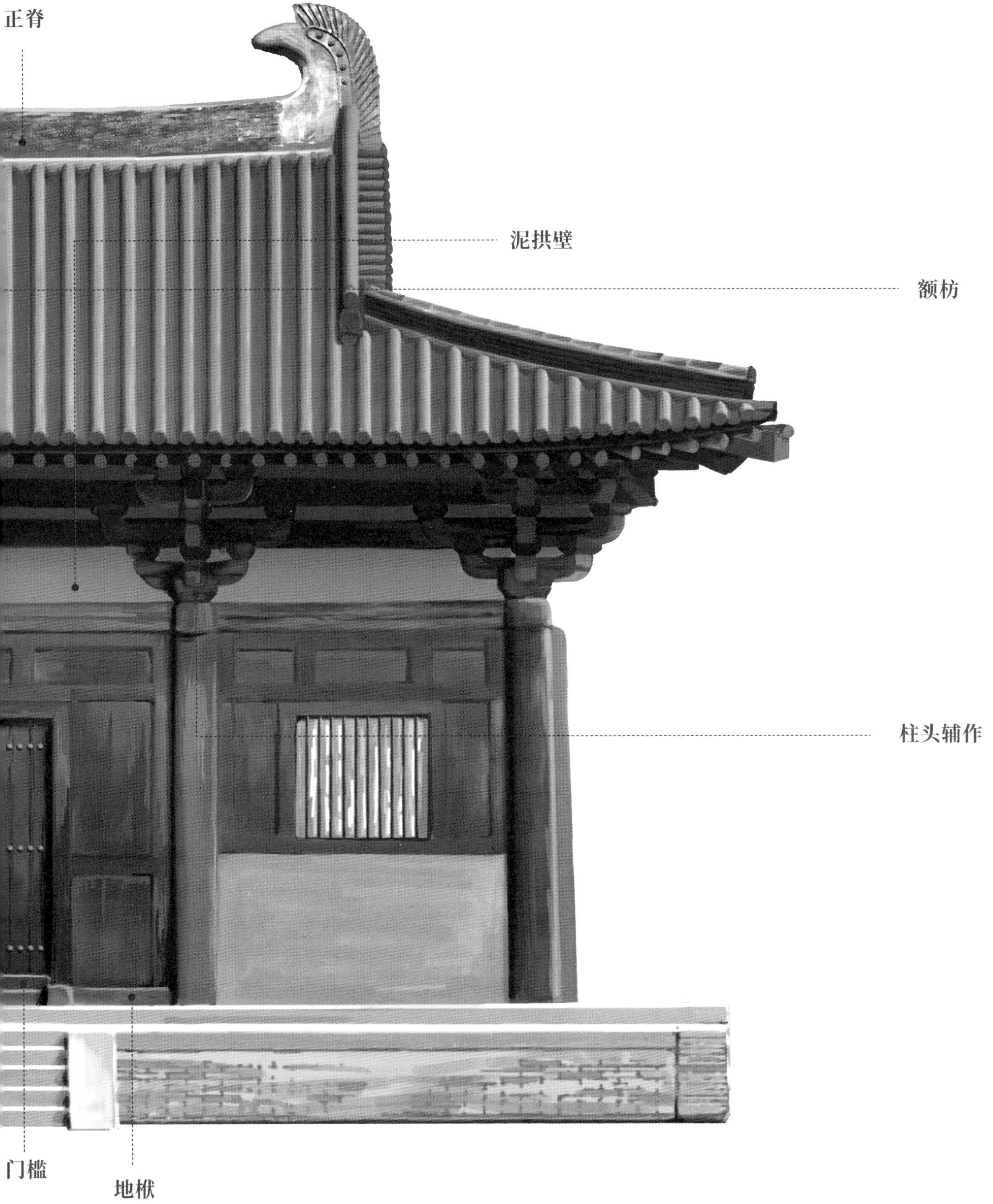
正脊
泥拱壁
额枋
柱头辅作
门槛
地栿

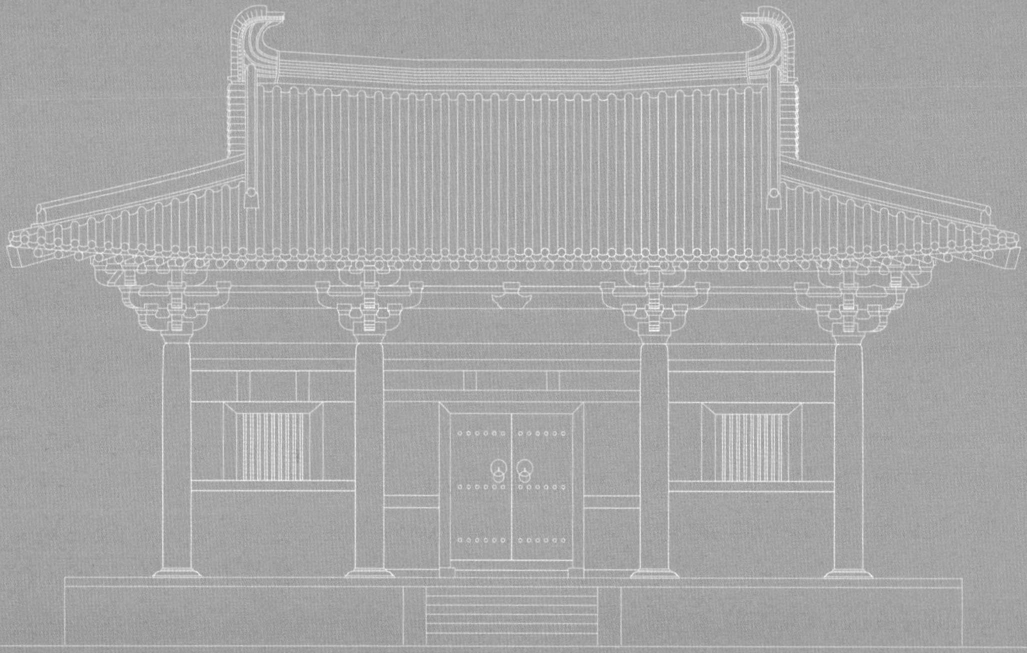

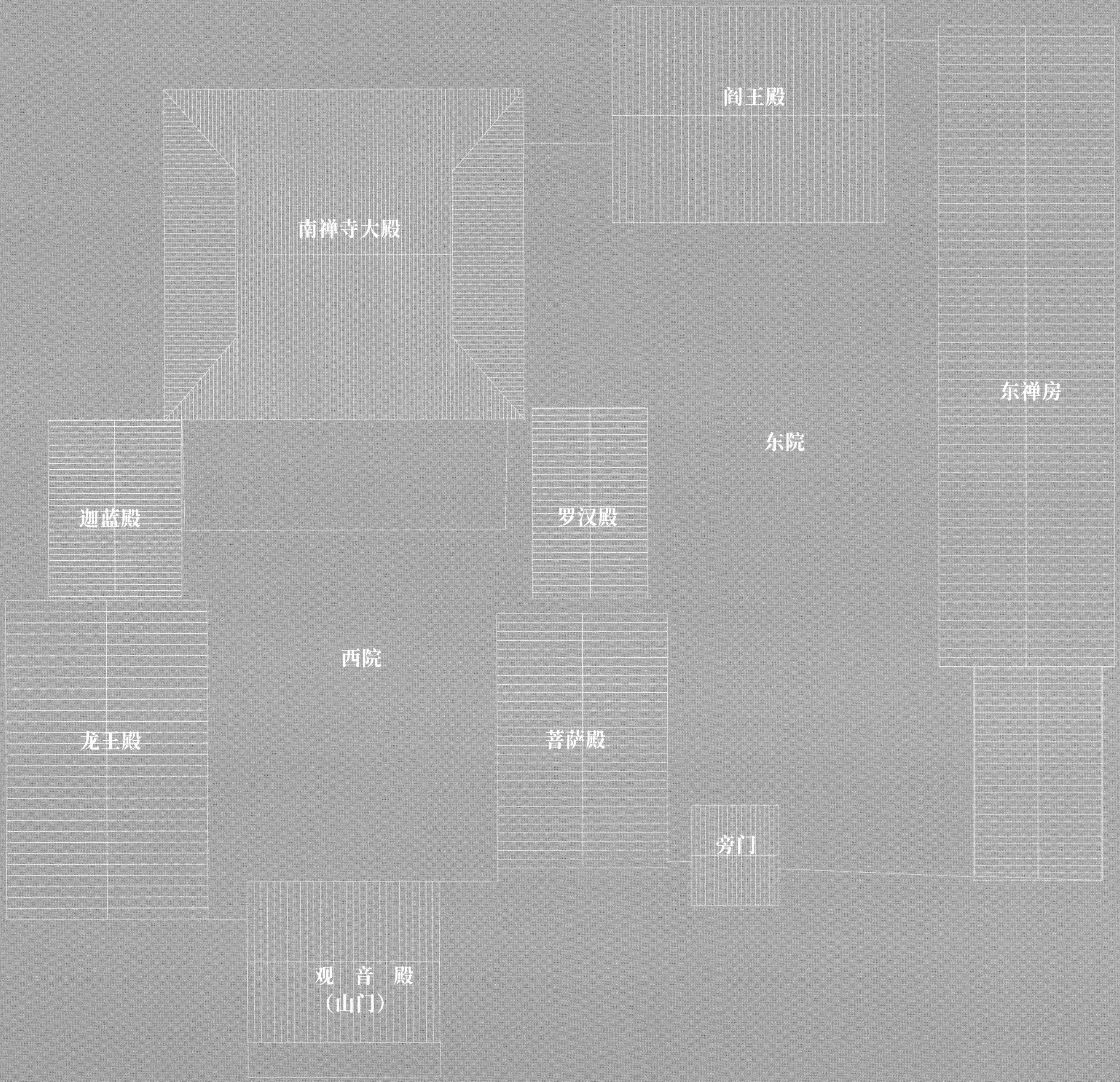

阎王殿
南禅寺大殿
东禅房
东院
迦蓝殿
罗汉殿
西院
龙王殿
菩萨殿
旁门
观 音 殿
（山门）

独乐寺观音阁

独乐寺观音阁

Guanyin Pavilion of Dule Temple

位置：天津市蓟州区武定街41号
年代：相传始建于唐，重建于辽统和二年（984年）
规模：面阔五间，进深四间八椽，外两层，内三层
类型：佛教寺院殿阁

獨樂寺

观音阁

独乐寺山门

独乐寺匾额

悬挂于山门前檐正中，两柱头斗拱之间的阑（同栏）额上方。

匾额长2.17米，高1.08米，匾心横向镌刻“独乐寺”三个楷书大字，字径约50厘米，蓝底金字，格外醒目。此匾为明代嘉靖年间英武殿大学士严嵩所书。

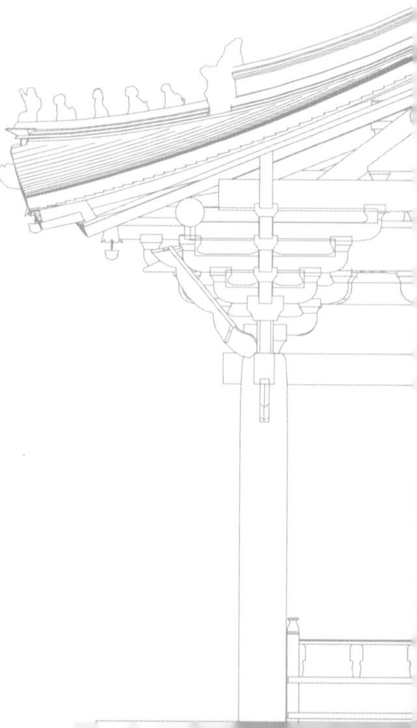

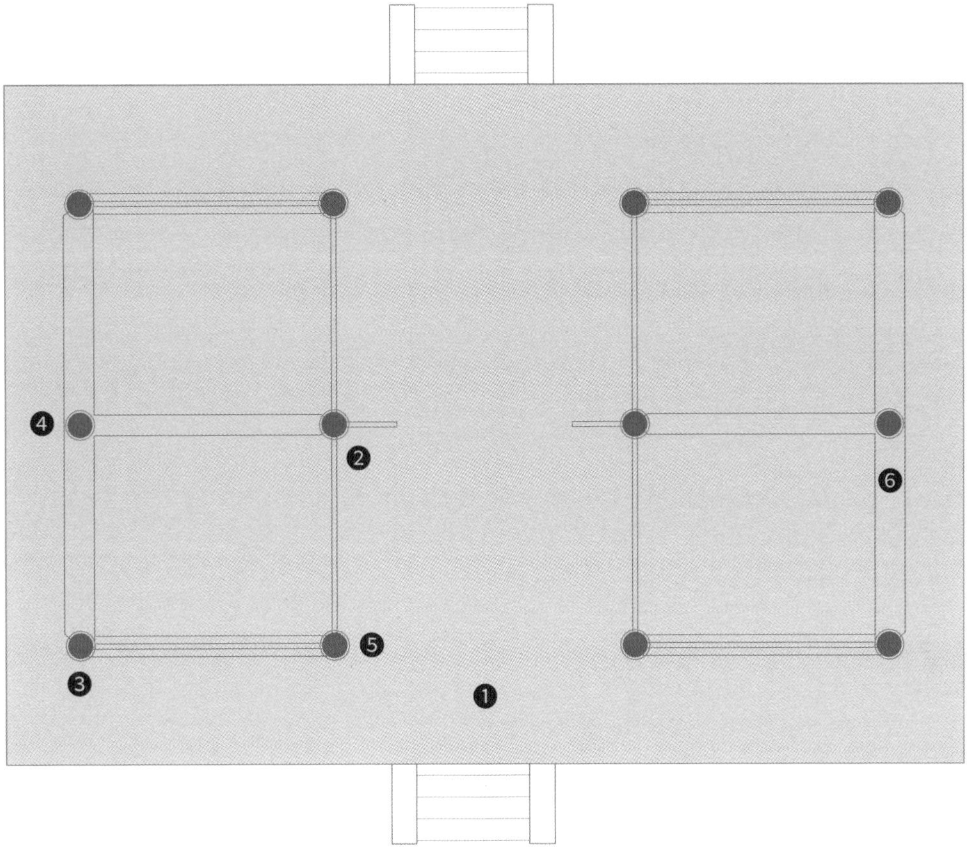

1.台基
2.中柱
3.角柱
4.山柱
5.檐柱
6.山墙

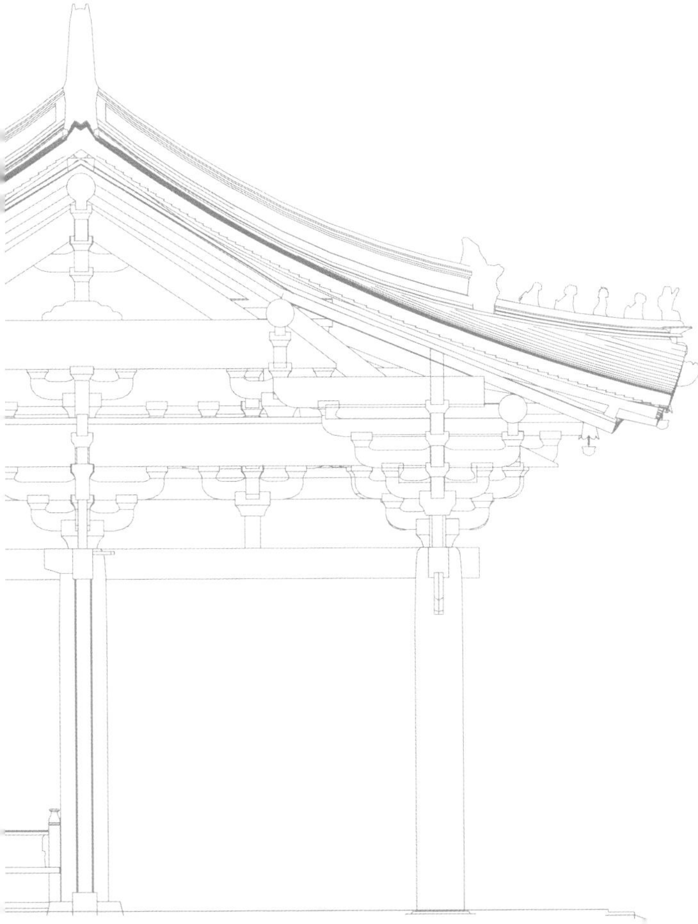

独乐寺，又称大佛寺，是中国仅存的三大辽代寺院之一，也是中国现存著名的古代建筑之一。

寺内现存的山门和观音阁重建于辽统和二年（984 年）。两座建筑为梁思成先生 1932 年寻访时所发现，他在《蓟县独乐寺观音阁山门考》一文中评价这两座建筑虽属辽代，但“上承唐代遗风，下启宋式营造，实研究我国建筑蜕变之重要资料，罕有之宝物也”。

独乐寺山门紧邻观音阁，位于其南侧。与观音阁相比，独乐寺山门无论是进深还是开间数量都有明显缩小，但小建筑恰好映衬了梁柱和斗拱的壮硕，反而更具唐宋木构建筑的风范。梁思诚对其评价说：“上承唐代遗风，下启宋式营造；檐出如翼，斗拱雄大；气象庄严，自可相见。”比如其斗拱就大约相当于立柱高度的二分之一，近距离观看极为震撼。

独乐寺山门是我国现存最早的庑殿顶山门，为辽代建筑。内外柱等高，山门立于低矮的石台座上，柱位分布简洁，为典型的“殿堂造”建筑，山门面阔三间，进深两间，其屋顶为单檐庑殿顶，正脊两端的鸱尾，造型生动古朴。

獨樂寺

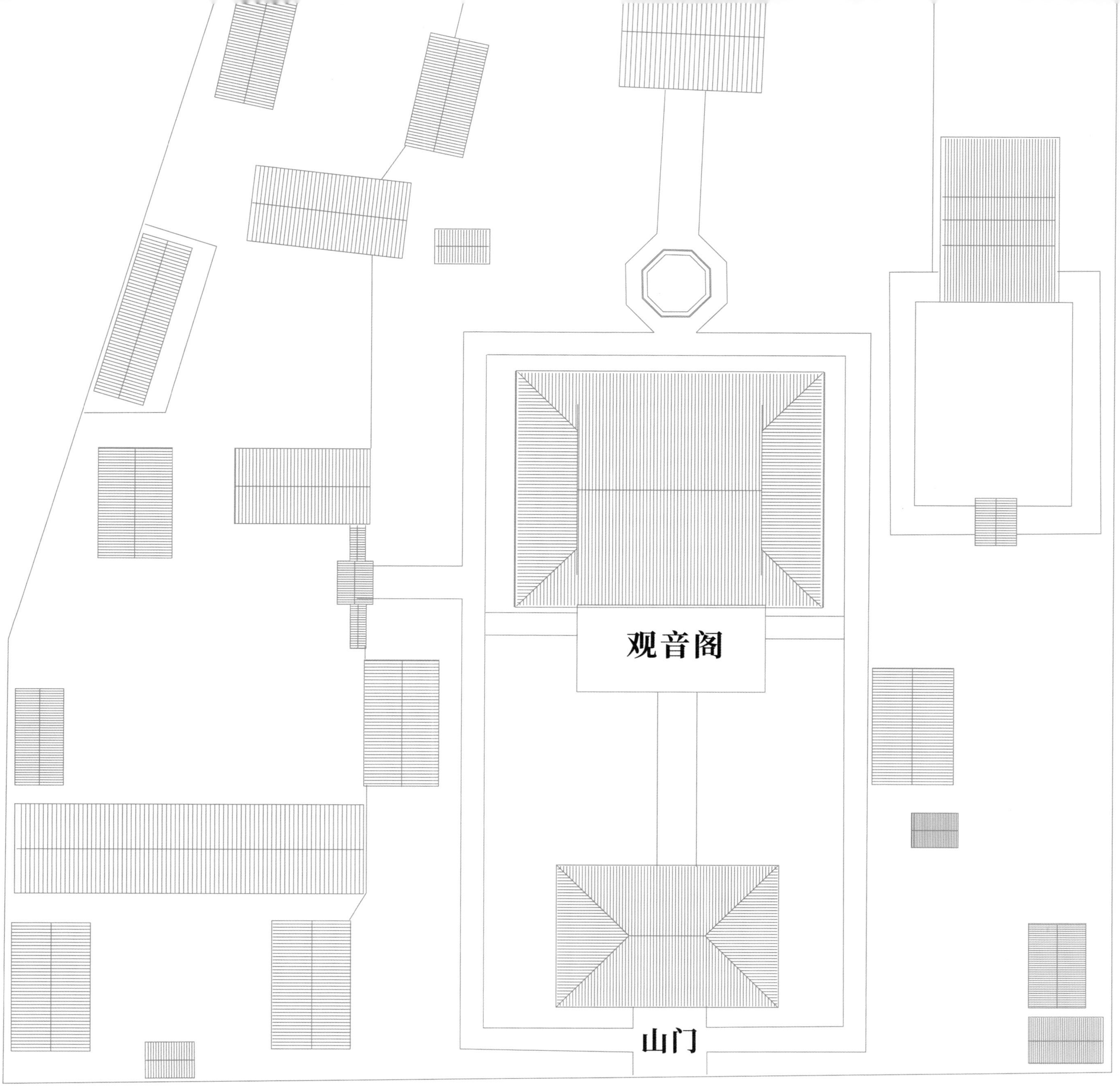
观音阁
山门

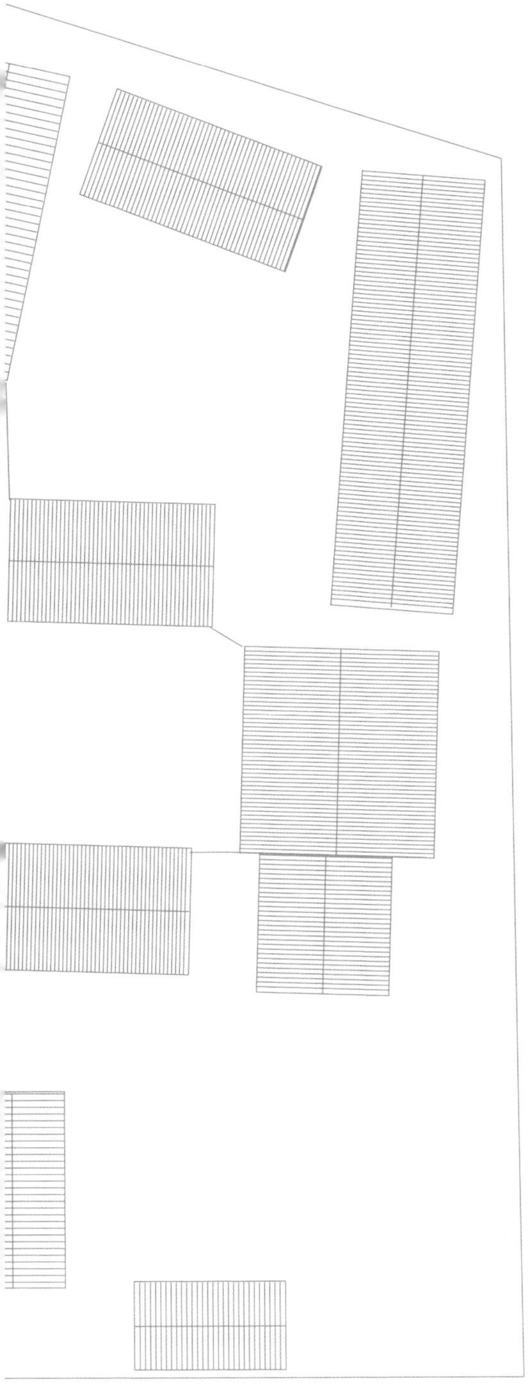

独乐寺山门还有一个特点在于它的庑殿顶，宋代也称这种具有四面坡的曲檐屋顶为四阿顶。但这种四阿顶多出现在体量较大的宫殿建筑中，比如古代房屋建筑等级最高的建筑才有资格采用四阿顶，它的特点就是屋顶陡曲峻峭，屋檐宽深庄重，气势雄伟浩大。梁思成对此评价道："在小建筑上，施以四阿，尤为后世所罕见。"

位于山门前檐正中，两柱头斗拱之间的阑额上方的匾额"独乐寺"三个楷书大字，是明代大学士严嵩所题，确实独具一格。值得一提的是，观音阁上匾额"观音之阁"，相传是唐代诗人李白于52岁游览幽州时所写。在经历千年的朝代更替、战乱动荡之后，虽绝大部分唐宋建筑已不复存在，但观音阁和独乐寺山门的幸存，无疑值得我们额手相庆，倍加珍惜。

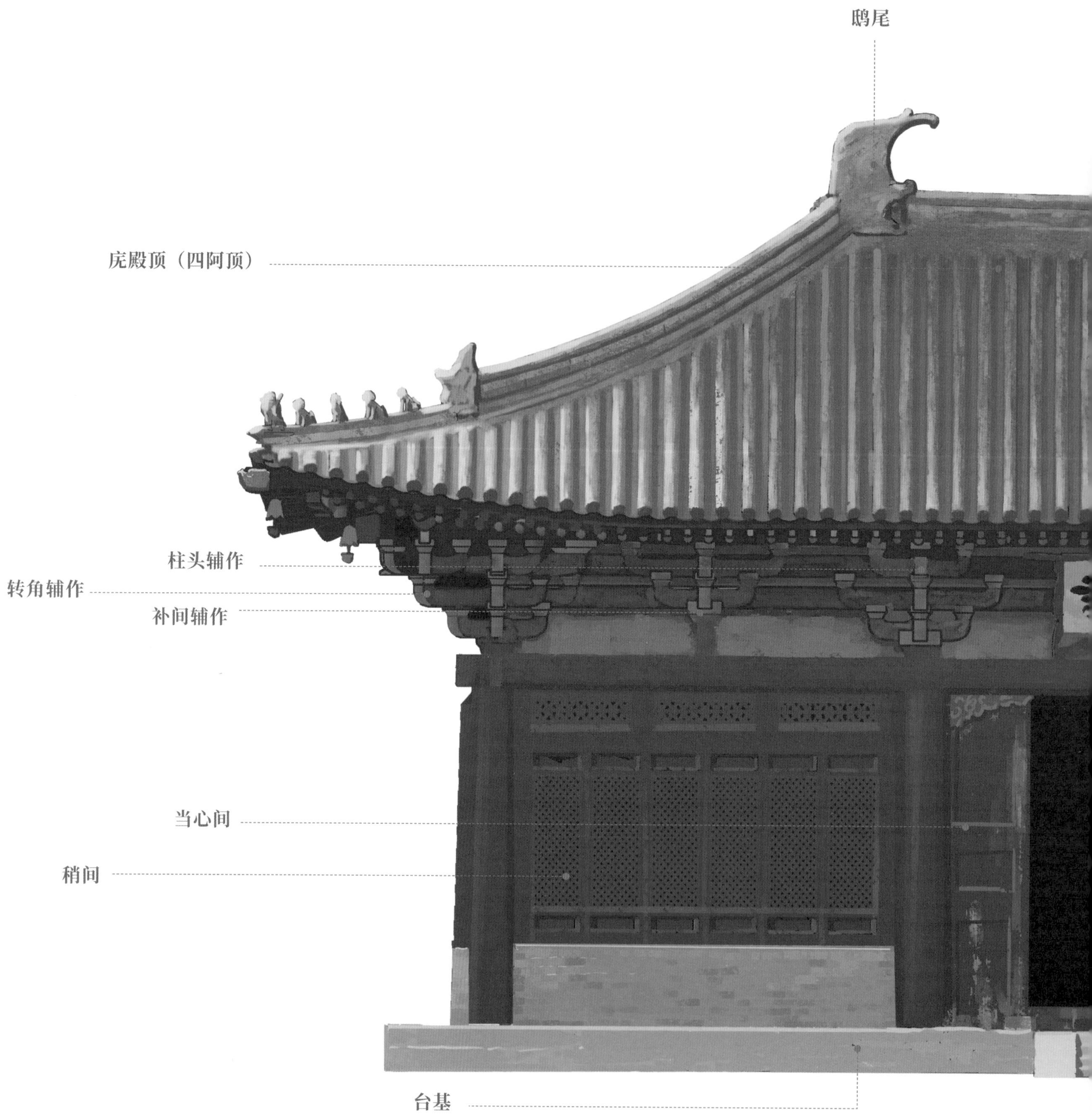
鸱尾
庑殿顶（四阿顶）
柱头辅作
转角辅作
补间辅作
当心间
稍间
台基

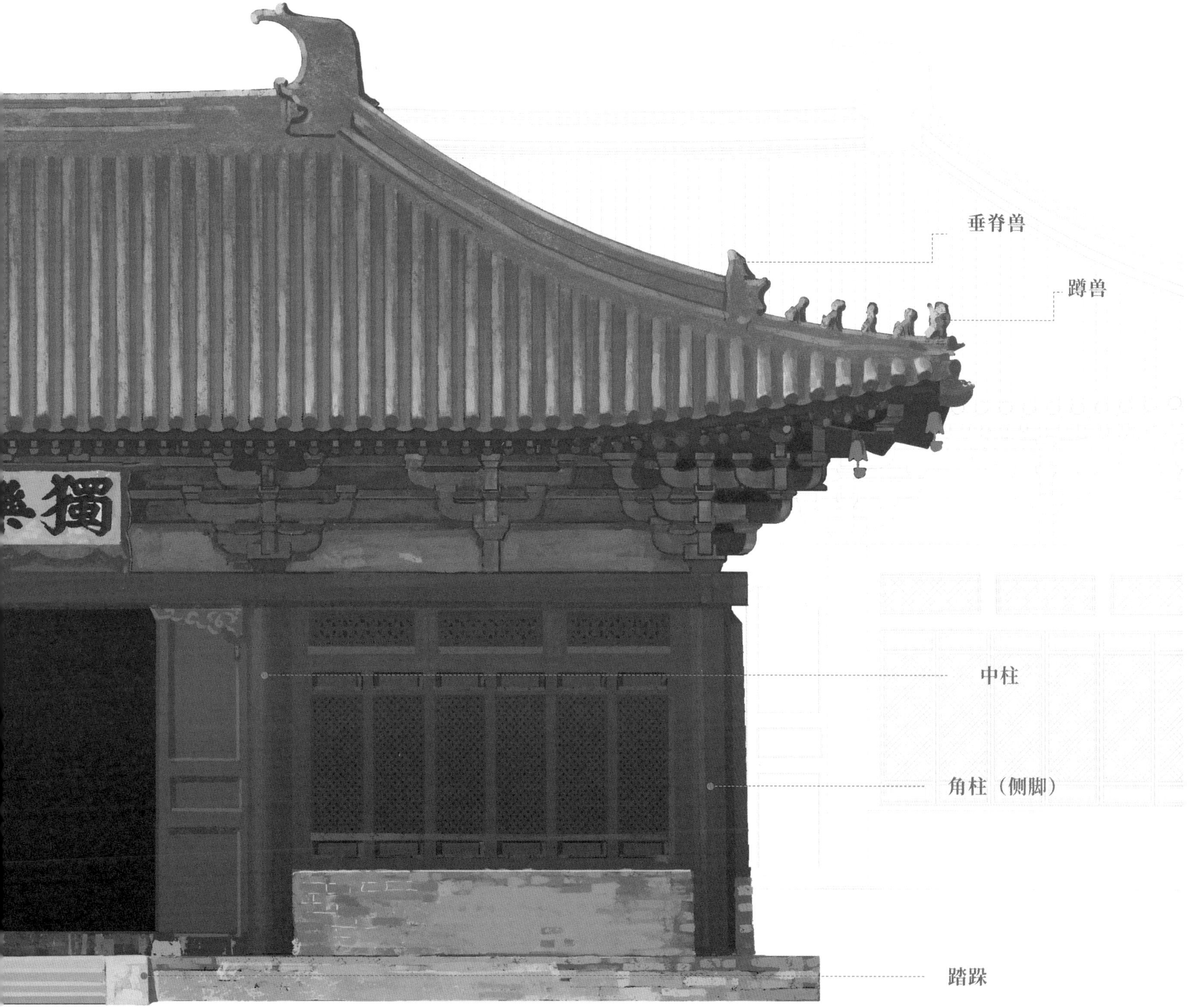
垂脊兽
蹲兽
中柱
角柱（侧脚）
踏跺

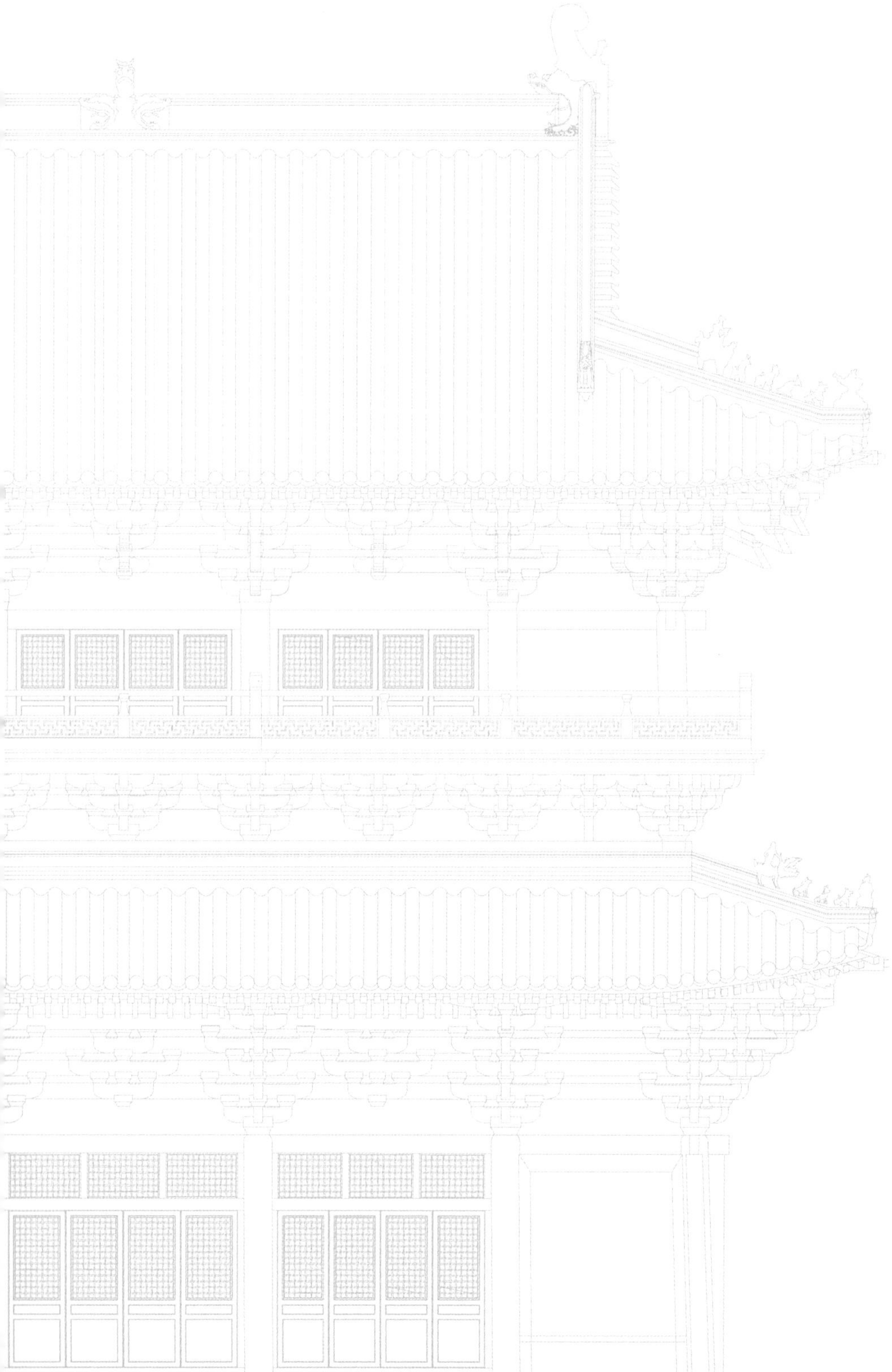

观音阁属于独乐寺的主厅，位于山门北侧，面阔五间，进深四间，是我国现存最古老的木结构高层阁楼建筑，被誉为中国古建筑之典范，其结合柱、梁及斗拱辅作，建造出内部为空筒状的阁楼。这种多层的阁楼建筑在我国现存的古代木构建筑中，是比较罕见的。说明中国传统木构建筑的类型极为丰富，有幸留存至今的为极少数而已。

觀音之閣
具足圓成

庑殿顶出檐深远，波度平缓。正脊两端采用有鳞片的鳌鱼，张开巨嘴吻脊。

独乐寺观音阁的建筑特点

独乐寺观音阁外部“檐出如翼，斗拱雄大”，与敦煌壁画中所见唐代建筑相似。内部与唐代佛光寺东大殿的平面也有异曲同工之处，为“金厢斗地底槽”平面，有外檐柱 18 根，内檐柱 10 根，内外回字形柱将内部空间分为内槽和外槽。内槽中央的须弥座矗立着 11 面观音泥塑，高约 16 米，贯穿内部三层空间，直入阁楼顶部的八角藻井之中。

梁思成认为观音阁与唐宋建筑最明显的不同是梁枋的截面比例，宋代《营造法式》的材契制度所规定的梁截面的比例关系约为高三宽二，清代则为高十宽八或高十二宽十，断面接近正方形。

1. 泥塑观音菩萨像为辽代所塑，高约16米，立于莲花宝座上。佛像大小与建筑尺寸比例均衡，树立在阁楼空筒之内，顶部阳马结构藻井，为八根角梁组成的八棱锥顶
2. 空筒的下层为四角形井
3. 暗层内采用斜撑梁，以加强构架的支撑性
4. 空筒的中间层为六角形井
5. 空筒的顶部为八角形藻井
6. 用小梁联系内、外柱的柱头辅作
7. 大梁横跨四段屋椽，称为“四椽栿”
8. 梁上的短柱，又称“侏儒柱”
9. 采用三角形叉手，可起到稳定屋架的作用
10. 双杪双下昂斗拱设计

而观音阁的梁截面的比例关系为高二宽一。此外，观音阁的柱子，无论是底层还是中上二层，都在高宽比例上略显粗短。这种差别，似乎是由于观音阁建造时正处于一个建造制度交替的过渡阶段。

观音阁最大的价值不在于具体的木构形式和细节比例，而在于其特殊的建筑类型。现存的古代木构建筑以殿和塔居多，这种多层的阁楼建筑是比较罕见的。这正说明中国传统木构建筑的类型极为丰富，而历经千年风雨侵蚀、社会动荡，有幸留存至今的更是寥寥无几。在观音阁内部登高漫游的同时，我们仿佛可以看到中国古代木构建筑的繁荣图景。

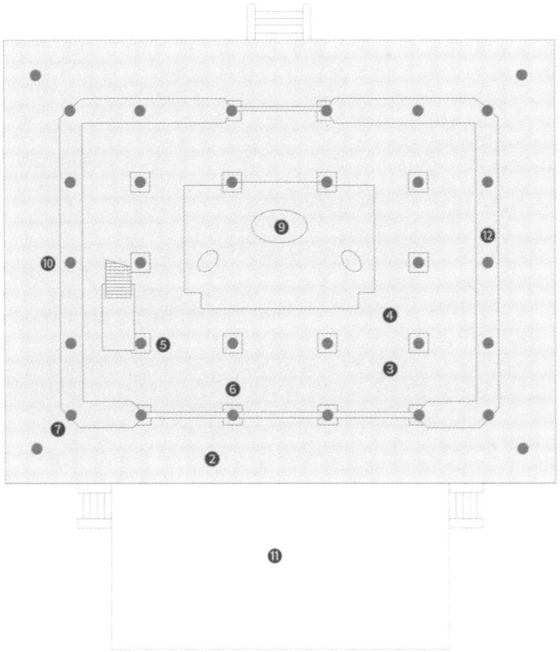

观音阁第一层平面图

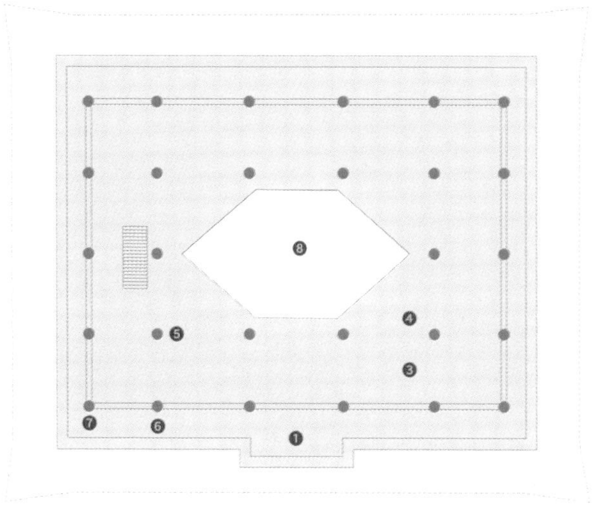

观音阁第二层平面图

1.平座　2.台基　3.外槽　4.内槽　5.金柱　6.檐柱
7.角柱　8.空井　9.佛龛　10.山柱　11.月台　12.山墙

主体建筑观音阁是一座三层木结构的楼阁，阁高 23 米，因为第二层是暗室，且上无檐与第三层分隔，所以在外观上像是两层建筑。

观音阁的 28 根立柱，呈内外两圈分布，然后用梁桁斗拱联结成一个整体。中间腰檐和平座栏杆环绕，观音阁内中央的须弥座上耸立着一尊观音菩萨站像。以观音塑像为中心，四周列柱两排，柱上置斗拱，斗拱上架梁枋，其上再立木柱、斗拱和梁枋，将内部分成三层，中部形成天井，上下贯通，形成空筒状空间，整个内部空间都和佛像紧密结合在一起。

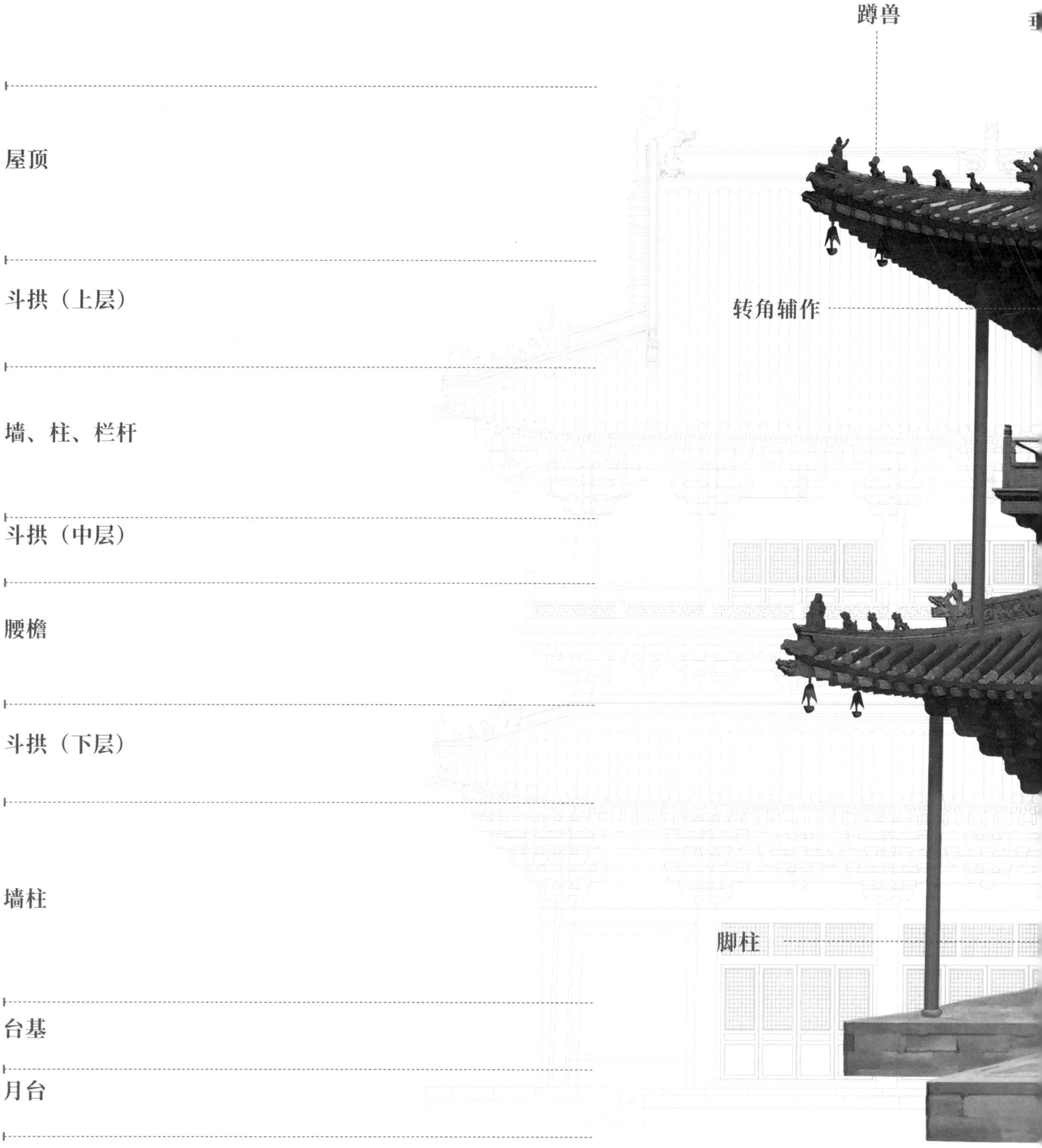
屋顶
斗拱（上层）
墙、柱、栏杆
斗拱（中层）
腰檐
斗拱（下层）
墙柱
台基
月台
蹲兽
转角辅作
脚柱

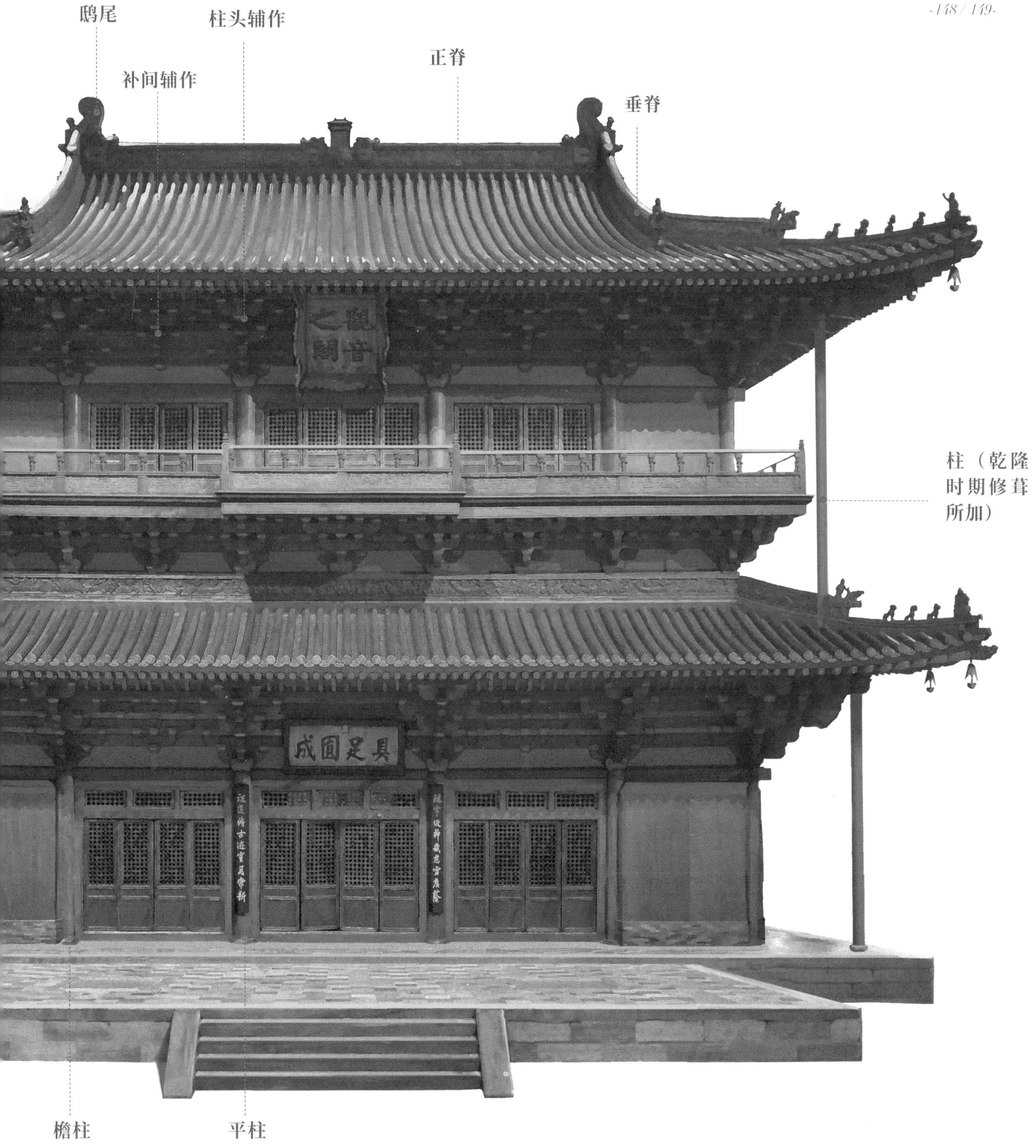
鸱尾
柱头辅作
补间辅作
正脊
垂脊
观音之阁
柱（乾隆时期修葺所加）
具足圆成
檐柱
平柱

在通常的印象中，石窟是开凿山体而产生的宗教遗迹，在外观上，似乎和『建筑』并没有太多关联。但是，在我国数千年的建筑发展过程中，因宗教而产生的建造是一个很重要的片段，而石窟又是这个片段中具有鲜明特征的一种建造行为。丰富多彩的石窟遗迹反映了我国佛教思想的发生、发展过程，也间接反映了各历史时期、各阶层人物的生活景象。这些洞窟内、外部空间建筑，以及雕塑、壁画等遗迹共同构成了一种独特的建筑类型。石窟对当代社会的价值除作为旅游景点供人瞻仰、膜拜之外，也是一些中外建筑师在构思现代建筑时的重要灵感来源。因此，作者将石窟也纳入本书所介绍的中国传统建筑序列中。

石窟

莫高窟

鸣沙山

九层楼

编号为96窟，人称“大佛殿”，供奉的世界上最大的、室内盘腿而坐的泥胎弥勒佛造像，为唐朝年间修建。

北魏254窟

始建于北魏，位于莫高窟崖面中层，是莫高窟中最早的中心塔柱式洞窟。洞窟后部尾平顶，中央有方形的中心塔柱，洞窟四壁有绕窟一周的天宫伎乐和大量千佛。所绘壁画故事内容主要有降魔变、萨埵太子舍身饲虎、难陀出家因缘以及尸毗王本生等。

盛唐103窟

始建于盛唐，清朝时期重修过，该石窟为覆斗形顶，窟的四壁开一龛，由坐佛和立佛组成。尤为可惜的是龛顶大部分被毁坏，北壁“无量寿经变”下部残毁，南壁“法华经变”下部被毁，甬道内地藏菩萨和沙门天王局部模糊。

西魏285窟

开凿于西魏大统年间，是敦煌石窟最早有确切开凿年代的洞窟，洞窟中包括8个小禅室和元代所建的额方形坛台，以及四坡绘制的神话与佛教法神形象，尤为经典。

45窟

开凿于8世纪盛唐时期，是保存最完好的石窟。洞窟的西壁，有7尊服饰华美的佛像，雕刻得极为精美。坐在莲花宝座上的为释迦牟尼，左右两侧分别站着大弟子迦叶和小弟子阿难，观音菩萨、天王。相传佛祖和观音菩萨的形象是根据唐玄宗和杨贵妃的容貌来塑造的。

三层楼

编号为16窟，因有三层木质窟檐结构，俗称“三层楼”，由王道士在清朝光绪三十二年修建，属于莫高窟中为数不多的窟中窟。窟中各式各样的千佛壁画和甬道内的木碑，都是独有的。

17窟藏经洞

始建于晚唐，在16窟甬道北壁，由王道士清理积沙时偶然发现，也是中国考古史上的一次非常重大的发现，洞内收藏的内容涉及中国从四世纪至十一世纪的政治、经济、文学、史地、军事、医学、科技、民族、宗教、艺术等各个领域，可谓包罗万象。敦煌学也因为这个窟的发现而形成，具有极高的史料和科学价值。

莫高窟位于甘肃省敦煌市东南 25 千米处的鸣沙山绝壁上。始建于十六国时期，历经北魏、隋、唐、宋，直至元代仍有开凿活动，前后延续千年，这在中国石窟中绝无仅有。莫高窟现有洞窟 735 个，分布在全长 1700 多米的崖壁上。分南北两区，南区 492 个洞窟是礼佛活动的场所，北区 243 个洞窟主要供僧人和工匠居住。

莫高窟既是中国古代文明的一个璀璨的艺术宝库，也是古代丝绸之路上曾经发生过的不同文明之间对话和交流的重要见证，是中国石窟艺术发展演变的一个缩影。莫高窟与云冈石窟、龙门石窟、麦积山石窟并称中国四大石窟。

在鼎盛时期的唐代，莫高窟的洞窟数量达到了“状若蜂窝”的密度。敦煌是当时河西走廊的交通中枢，莫高窟则是中西文明交流融合的瑰宝。后来，直到清末藏经洞被偶然发现，莫高窟才重新引发巨大关注。后在我国学者的倡导下，于 1944 年成立了敦煌艺术研究院，使莫高窟及其文物得以全方位的保护和研究。

（本节部分内容参考自敦煌研究院·文化资源）

九层楼

96窟窟外的木构建筑俗称九层楼。唐代称北大像，又称大佛殿。九层木构建筑，高45米。窟内徒壁无画，阁楼依崖而建，修建多层汉式飞檐，既具有保护洞窟免受风化作用又有壮大观瞻作用。

下八层为五间六柱大型两角窟檐，檐角上翘，有线脊，下垂风铎(俗称铁马)。第一层正对本窟巨型窟门，第四层和第七层各对洞窟明窗。第九层为八角攒尖顶，阁楼上设3米高宝瓶。

莫高窟的洞窟，按功能和形态可分为中心塔柱窟、覆斗顶形窟、殿堂窟、大佛窟、禅窟等。这些不同的洞窟，容纳了各种壁画、塑像和经卷。

另外，在这些壁画和经卷中，也记录了历朝历代的很多建筑形象，如殿阁、佛塔、楼台以及县城和州市。比如在莫高窟第 61 窟内的五代壁画《五台山》中，就绘制了佛光寺和其中的东大殿，给梁思成寻找真实的佛光寺和判断其年代提供了重要依据。可见，除洞窟的宗教价值和本身的建筑价值外，莫高窟也是一部中国传统建筑的图像百科书。

那么古人为什么会选择在此开凿洞窟呢？其实这和中国传统的场所建筑学有关。有学者研究发现，莫高窟所处的位置正好是沙漠中的一片绿洲，洞窟所在的绝壁最高不超 40 米，且面朝宕泉河，背靠鸣沙山。这种地理环境使得洞窟可以免受大部分风沙的侵蚀，而且保持干燥。无论是崖壁高度、位置还是气候环境，都很适合开凿活动和文物保存。因此，在今天，我们可以有幸欣赏到这个延续千年的文化遗产。

莫高窟

Mogao Caves

位置：甘肃省敦煌市东南25千米处的鸣沙山东麓崖壁
年代：从十六国时期至元代
规模：洞窟735个，壁画4.5万多平方米，彩塑2400余尊，木构窟檐5座
类型：佛教石窟，佛徒修行居住之所

45窟龛内塑佛像写意图

45窟

45窟位于莫高窟南区中段下层，虽无明确的造窟功德记和文献记载，但从洞窟形制、壁画内容和艺术风格看，其营建时间应在盛唐时期。

此窟平面方形，覆斗藻井顶，团花井心，四披画千佛。窟正壁（西壁）开一平顶敞口龛，龛内塑佛、弟子、菩萨、天王七身像。佛陀结跏趺坐于须弥座上说法，两边随侍弟子、菩萨以及天王等众，围绕听法。正中的主尊佛释迦牟尼，有着庄严、沉静、慈祥的精神表现。右侧大弟子迦叶形象深沉朴实。左侧小弟子阿难体现出含蓄温和的气质。两侧的菩萨躯体曲线柔美。外侧的天王则雄强有力，这也是唐朝将军威武形象的真实写照。

龙门石窟

龙门石窟 Longmen Grottoes

位置：河南省洛阳市龙门山
年代：始凿于北魏，盛于唐，终于清末
规模：洞窟像龛2345个，造像11万尊
类型：皇家石窟

万佛洞观世音菩萨像

《水经注》中所记载的“昔大禹疏龙门以通水”，就是今天龙门石窟的所在地——河南洛阳伊水西岸的龙门山。龙门山和对岸的香山，本是一座大山，由于阻挡了河流导致洪水泛滥，经人工开凿后，伊水从两山之间流过，山体也分为了东西两半。

洛阳曾经是十三朝古都，是中原地区最为发达的城市，因此，也是孕育文化瑰宝的沃土。在这种地理和社会环境的滋养下，自北魏开始，皇室就在此开始建造石窟，后历经 1400 多年直到清代，开凿了 2000 多个洞窟，建造了 11 万尊彩色塑像。和其他石窟不同的是，龙门石窟主要是由皇家贵族所建，因此里面的佛像规模较大，品质非常高。此外还包含了很多西方的柱式与纹样，反映出当时我国与西方的密切文化交流。

卢舍那大佛龛

佛龛中间的主佛为卢舍那大佛。卢舍那大佛开凿于唐高宗咸亨三年（672年），据历史记载卢舍那大佛是武则天的“报身像”。

龙门石窟中最大的洞窟叫作大卢舍那像龛，内有 9 尊佛像。中间的主佛为卢舍那大佛，高 17 米，佛身饱满厚重，线条飘逸。有史料记载，这尊佛像是武则天根据自己的样貌塑造的。连同两侧的 8 尊佛像，营造出一种雄浑有力、气宇非凡的空间氛围。

龙门石窟的主题包罗万象，除宗教、书法、绘画外，还包括音乐、舞蹈、建筑、医学等内容，全面生动地记录了当时社会的多元与繁荣。除此之外，龙门石窟还包括很多西域元素，比如在宾阳中洞（建成于 523 年）的窟门券拱下有一对柱式雕刻，经专家考证，柱头的纹样具有明显的古希腊爱奥尼柱头的痕迹。另外，在古阳洞北魏龛内也刻有联珠纹、葡萄纹、卷草纹和火焰纹等波斯纹样图案。

从建筑的角度看，最能打动人的就是各种洞窟和造像在这种峡谷般的地貌中得以无限增强的空间张力。这种将人工建造融入自然天地的价值观，就是中国传统建筑和美学所提倡的“天地与我并生，而万物与我为一”的精神内涵。

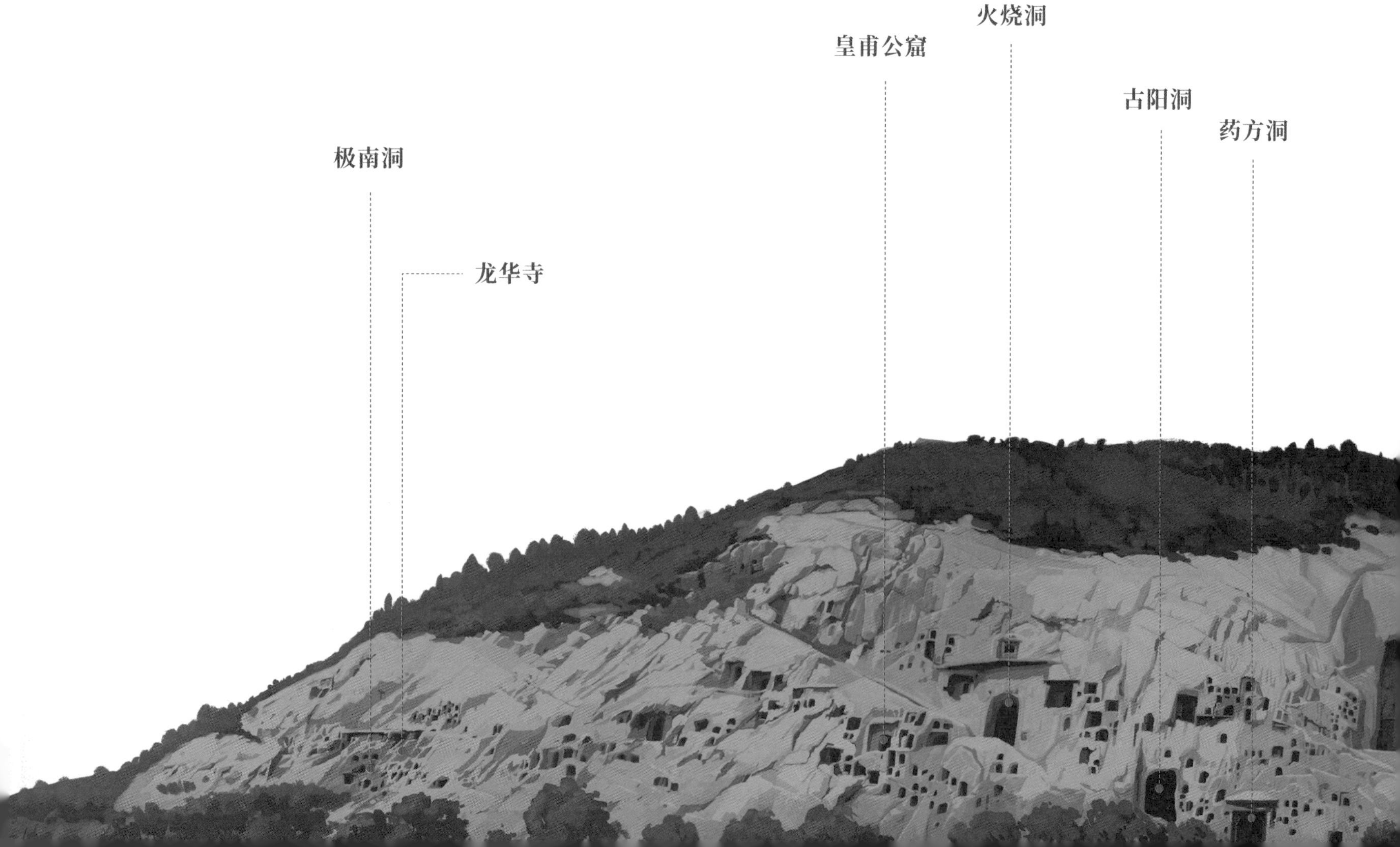
火烧洞
皇甫公窟
古阳洞
药方洞
极南洞
龙华寺

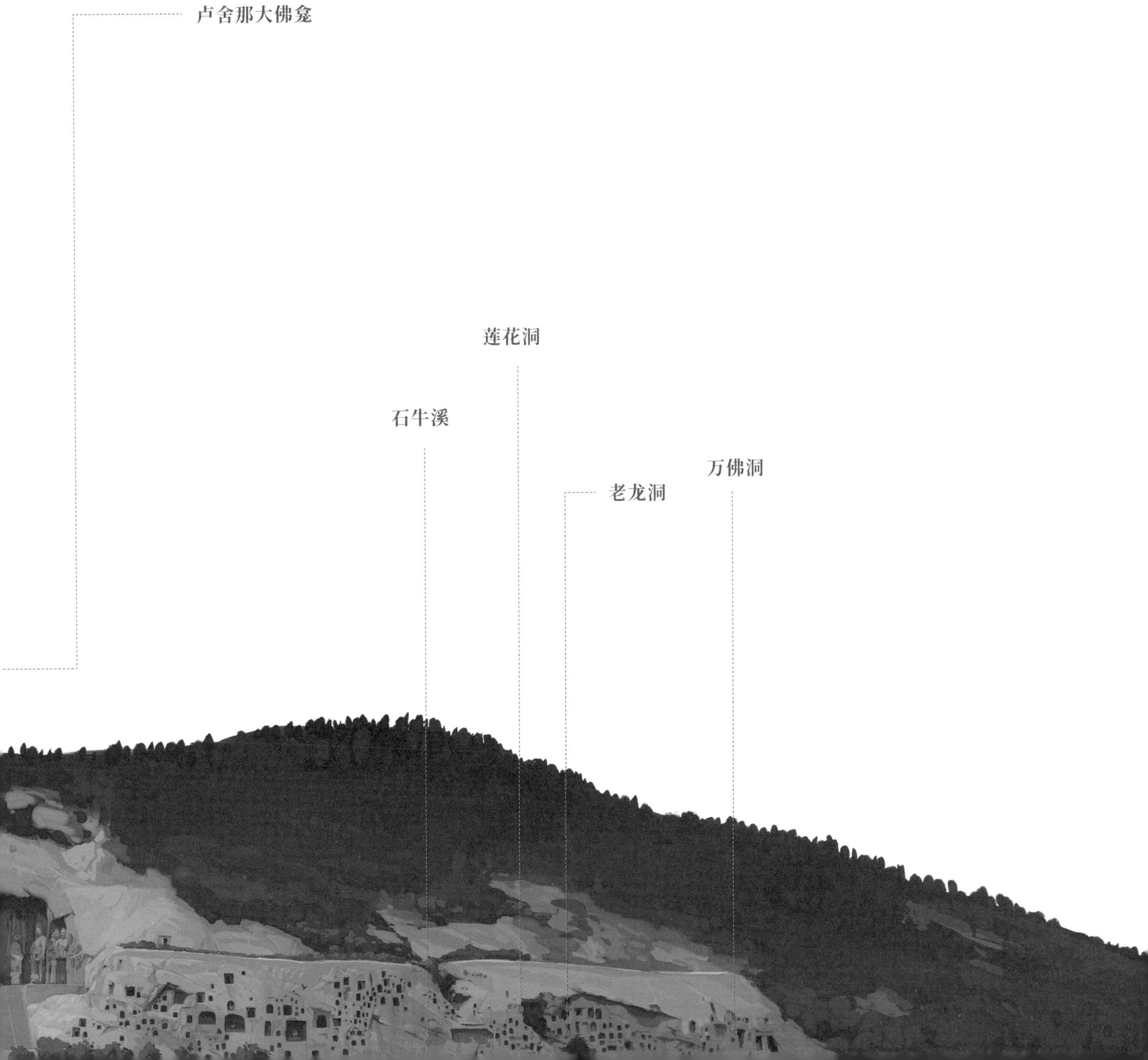

卢舍那大佛龛
莲花洞
石牛溪
万佛洞
老龙洞

麦积山石窟

麦积山石窟

Maiji Mountain Grottoes

位置：甘肃省天水市麦积区小陇山
年代：始建于后秦，兴于北魏，唐、五代、宋、元、明、清也有开凿
规模：现存窟龛221个
类型：佛教石窟

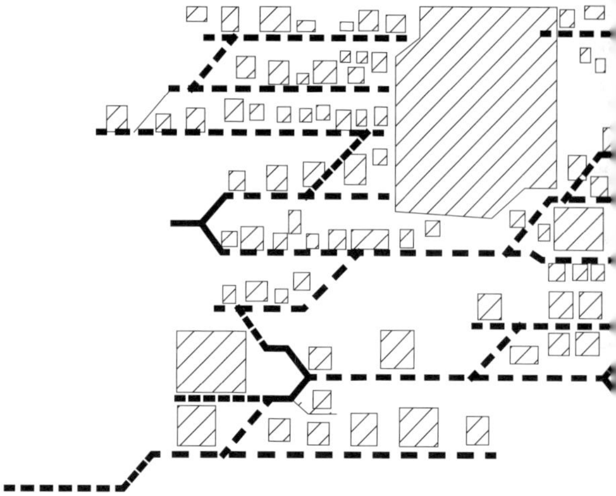

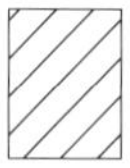

麦积山石窟位于甘肃省天水市麦积区小陇山中，是小陇山中的一座孤峰，因形似麦垛而得名。在这个高达142米的峭壁上，自后秦（公元4世纪末）至清代，历经1600余年的开凿和修缮，现存221个窟龛，各类造像3938件，壁画979.54平方米。

与莫高窟和龙门石窟相比，麦积山石窟的仿木崖阁建筑最具特色。其中北周开凿的第4窟，又称“散花楼”和“上七佛阁”，七间八柱，单檐庑殿顶，前廊后室。后室并列开凿7个装饰华丽的帐形佛龛。这是中国古代在山崖间开凿体量最大的仿木结构殿堂，雕凿精细，气势宏伟，是研究古代建筑结构演变的实证资料。由于地震的缘故，原本完整的山峰中部坍塌，分为东崖和西崖两个部分，也就是我们今天所看到的样貌。这种在高耸陡峭的悬崖上开凿的石窟，在我国是比较罕见的。

麦积山大部分洞窟开凿在20至80米的高度范围，又被垂直分为上下12层。因此，栈道的作用显得极为重要。除了大小各异、密如蜂房的洞窟，幽悬空中、交织错落、蜿蜒曲折的栈道系统，成了麦积山石窟的标志性符号，也是我国现存石窟中栈道最集中的一处。

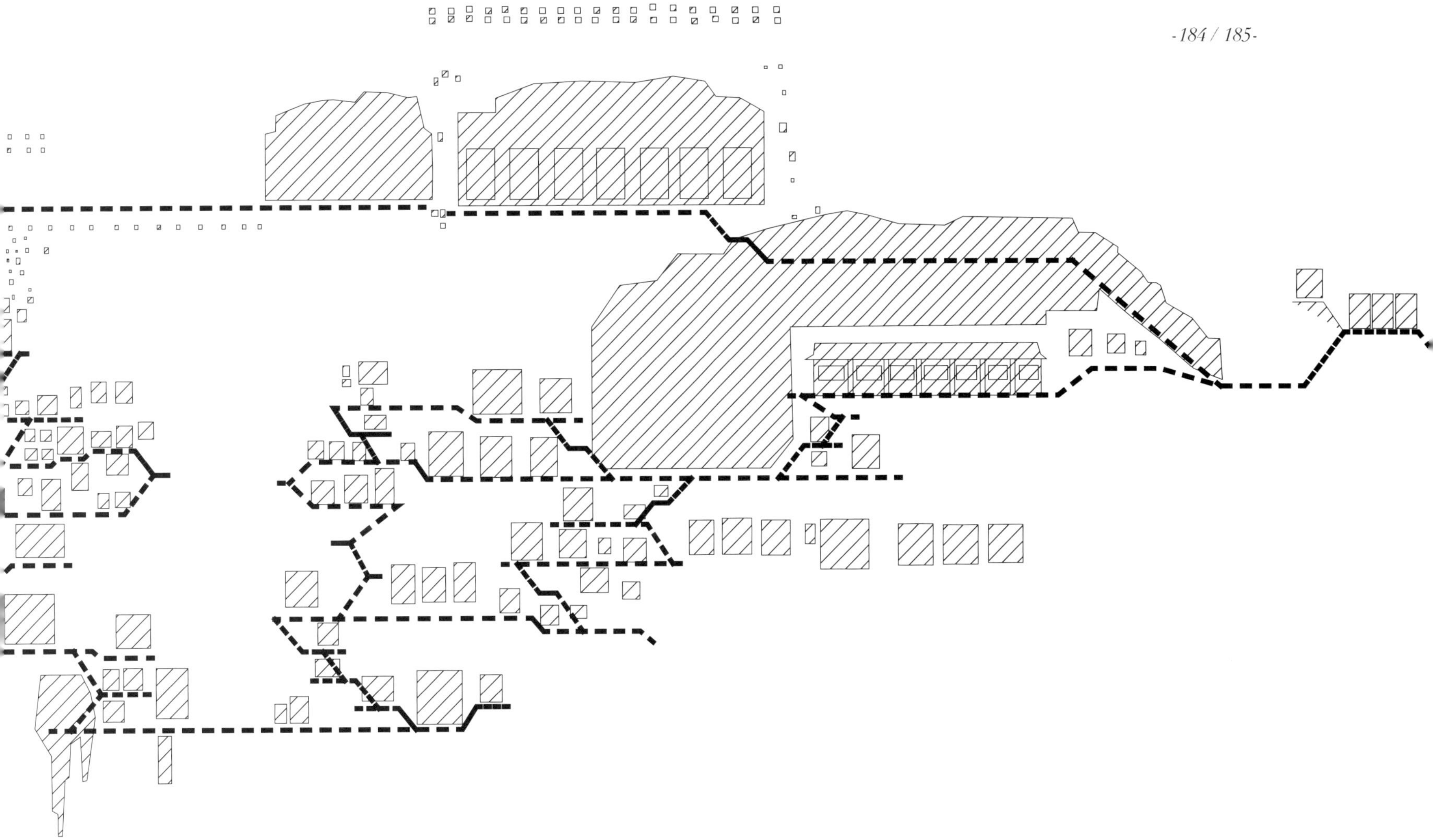

栈道是当时施工、祭祀和日常活动的唯一通行空间。而且，这些栈道先于洞窟建造，之后又连接了层层洞窟，久而久之，形成了蔓延整个崖壁的栈道体系。从另一个角度看，栈道就是麦积山崖壁这张画布的参考线。栈道的修筑异常艰辛，需要先将崖壁开凿出可插入梁木的空洞，然后再连接一根根的梁木，从而形成连续的栈道。当地也流传有“砍完南山柴，修起麦积崖”“先有万丈柴，后有麦积崖”等传说。后来有研究表明，麦积山崖壁上遍布栈道梁孔，这表明自石窟开凿以来，栈道的位置是随着洞窟的发展和后期的维护而保持动态变化的。所以我们今天看到的麦积山栈道的位置，可能具有些许偶然性。

丰富的栈道系统为麦积山石窟增加了一些“现代感”，与其他石窟相比，麦积山石窟具有很强的秩序性，在秩序中，又包含了规律与变化，这些特点与现代主义建筑和风格派美术作品的一些基本原理恰好相得益彰。

天桥
133窟 万佛洞
123窟 童男童女
135窟 天堂洞
87窟 弟子迦叶

4窟 上七佛阁（散花楼）
牛儿堂
43窟 魏后墓
44窟 菩萨

大足石刻

大足石刻位于重庆市大足区。与前面三座石窟相比，大足石刻有几个特点：一是石刻的位置不集中，大足石刻是大足境内所有石刻的统称。所有的石刻分散在大足境内的西南、西北和东北的23处地点，其中以宝顶山、北山、南山、石篆山和石门山（简称五山）的摩崖造像最为壮丽辉煌。二是开凿年代更近且延续时间更集中，开凿虽始于唐代，延续至明清，但“五山”摩崖造像基本为晚唐至南宋期间集中建成，现在所能看到的石刻基本保持了唐宋时期的风貌。三是开凿的类型不同，大足石刻以摩崖造像为主，与石窟将山体挖成很深的洞窟相比，摩崖造像的位置距离山体表面更近，洞的感觉较弱，雕像常与山体连成一片。

大足石刻

Dazu Rock Carvings

位置：重庆市大足区境内
年代：唐、五代、宋、明、清
规模：摩崖造像75处，雕像5万身，铭文10万字
类型：佛教造像为主，也有儒、佛、道同在一龛窟中的三教造像

宝顶山石刻位于大足城区东北 15 千米，开凿于南宋淳熙六年（1179 年）。对佛教信徒来说，这里是圣地之一，有“上朝峨眉，下朝宝顶”之说。宝顶山石刻分散在方圆 2.5 千米的山岩之上，规模最宏大、保存最完好、艺术价值最高。

从建筑空间的角度看，宝顶山石刻与杭州灵隐飞来峰的石刻有着相似的空间类型，二者都是围绕一个山体，将石刻雕在各处，这与莫高窟在一块山崖集中开凿的方式是不同的空间体验。在宝顶山观览，路径会随着山体的转折自然转向、迂回，观众并不能在一个地点看到全部石刻的面貌，也不能判断下一个遇到的是哪个洞窟，每个单独的石刻地点对于观众来说，都是偶遇。

这种空间特征非常近似于中国传统园林空间的类型。园林讲究曲径通幽，人们的行为完全融入自然的秩序之中。

六道轮回图

大足石刻六道轮回图，是宋代的摩崖造像。位于宝顶山第3龛，顶高7.8米，像宽4.8米。

抱轮的巨人为转轮王，又称“无常鬼”。“无常”是佛教哲学范畴中的一个名词概念。如果我们把空间、事物缩到极限时就会发现世间万事万物都是刹那变化，刹那生灭的，佛教把这种瞬息万变刹那生灭叫作“无常”。这里把“无常”这个词人格化为“无常鬼”，让它来掌握生死轮回，以示大千世界万事万物皆不永恒。无常鬼怒目獠齿死咬轮盘，长舒两臂紧钳轮盘，象征业力不可逆转，即业力所致的报应、遭遇不以众生意志为转移。

塔是中国传统建筑谱系中的又一种重要类型。中国的塔从结构和造型上可以分为：单层塔、多层塔、密檐塔和喇嘛塔。塔最早源于古印度，功能最初为供奉佛骨舍利和举行佛礼，后来也有登高远望的军事作用。在若干年的历史发展中，形态先后发生了巨大的变化，梁思成在《图像中国建筑史》一书中详细绘制了《历代佛塔型类演变图》，是我国佛塔发展脉络最权威的介绍。在我国，早期的塔以木塔为主，后来为了更方便建造和长久保存，发展出了砖石塔。砖石塔和木塔在相当长的时期内，是共同存在的。本书所介绍的六和塔，就是砖石塔，而应县木塔，是我国唯一现存的木结构塔。

塔

佛宫寺释迦塔

（应县木塔）

佛宫寺释迦塔

Pagoda of Fogong Temple

位置：山西省朔州市应县城西北佛宫寺内

年代：开建于辽清宁二年（1056年），金明昌六年（1195年）增修完毕

规模：塔高67.31米，底层直径30.27米，共五层六檐，各层间夹设暗层，实为九层

类型：楼阁式佛塔

释迦塔
天宫高耸
正直

峻極神工
天下奇觀

释迦塔
天宫高耸
正直

釋迦塔
天宮高峙
正直

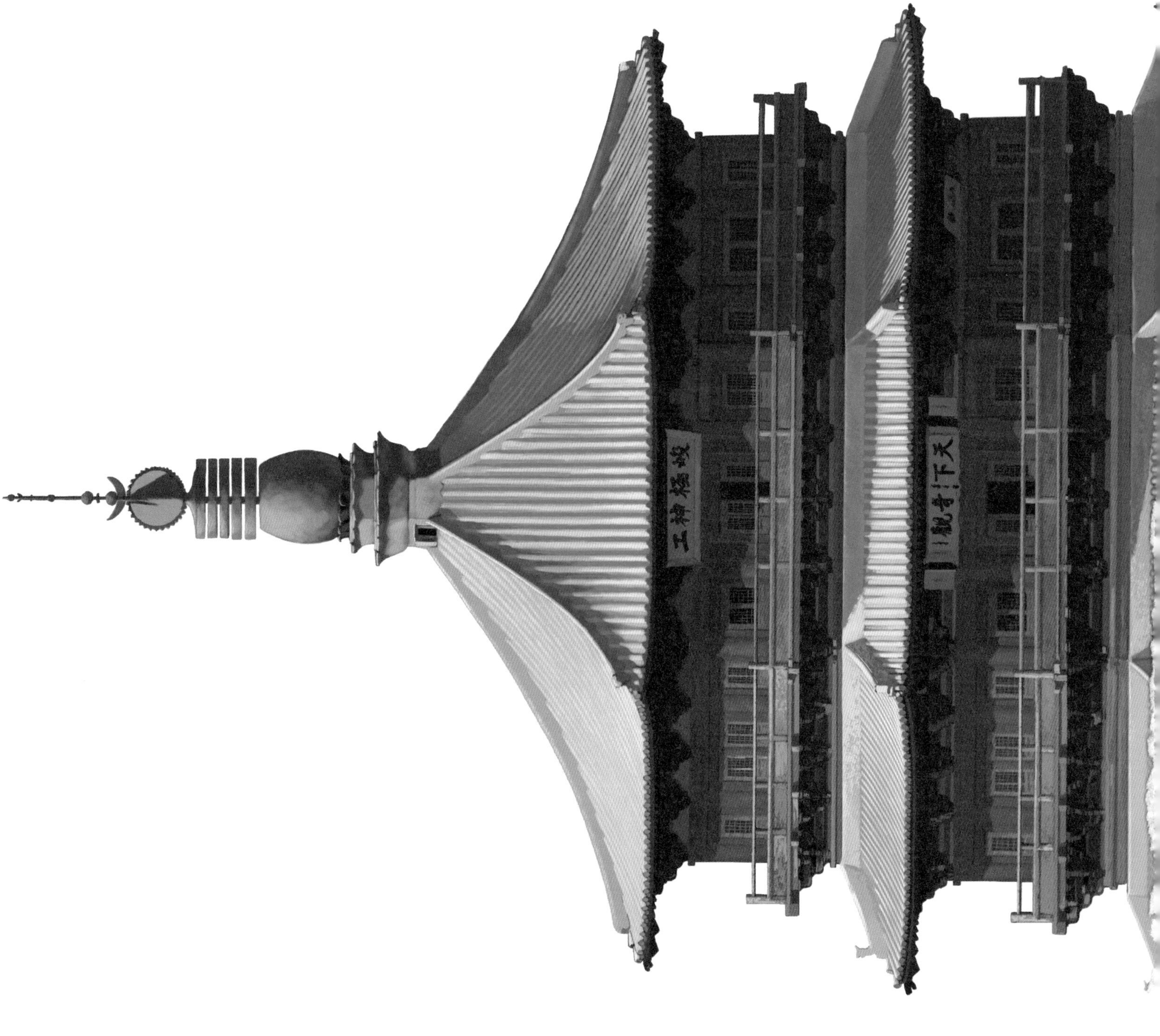

峻極神工
天下奇觀

峻極神工
天下奇觀

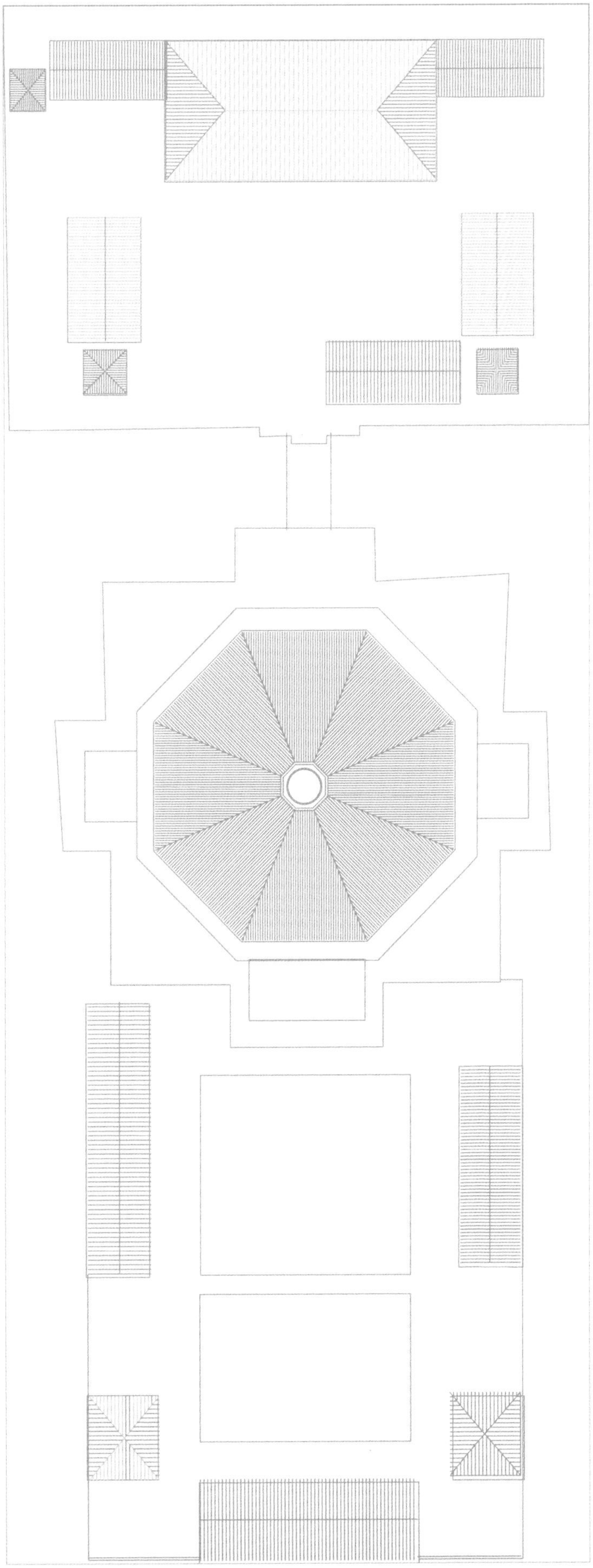

佛宫寺释迦塔位于山西省朔州市应县城西北佛宫寺内，俗称应县木塔。始建于辽代(1056年)，是世界上现存最高大最古老的木塔。与意大利比萨斜塔、巴黎埃菲尔铁塔并称“世界三大奇塔”。

应县木塔位于佛宫寺中轴线山门和大殿之间，塔高67.31米，底层直径30.27米，纯木结构。木塔建在砖石台基之上，塔身平面呈八角形，由红松木建造，内部供奉着两颗释迦牟尼佛牙舍利。应县木塔外观为五层六檐，首层为重檐，其余层为单檐，各层间夹设暗层，内部实为九层。

各层均用内、外两圈木柱支撑，木柱之间使用了许多斜撑、梁、枋和短柱，组成了不同方向的复梁式木架，以保证塔身的稳定。塔内各层均有佛像和壁画，塔顶有铁刹，并通过八道铁索与塔顶屋角相连。

塔顶

塔顶作八角攒尖式，塔刹位于攒尖顶的最高点，其以一基座与屋顶相连，其上由仰莲、相轮、圆光、仰月、宝盖、宝珠等组成。

1.塔刹
2.塔顶
3.采用斜撑构件，增加木塔的稳固性，起到稳定作用
4.平座
5.高约11米的释迦牟尼像
6.八角形阳马藻井
7.内槽墙壁壁画

应县木塔的建筑特点

应县木塔可以说是世界木造高塔的代表，历经千年，仍然屹立不倒，这与它的结构体系科学合理息息相关。第一，是它的柱网系统，木塔每层都有内外两圈木柱作为主要的支撑构件，内 8 根，外 24 根，从而形成了“筒中筒”结构体系。神奇的是，我们今天在城市中看到的各种摩天大楼，用的也正是这种结构形式，和木塔唯一的区别是将木材替换成了混凝土。这种结构形式可以将高层的重量通过内外柱网均匀稳定地传递至底层。第二，是应县木塔的减震设计，在应县木塔内部的 9 层空间，可以分为明层暗层两种，明层就是供人行走和远眺的常规空间，而暗层，则是设置了密集大梁和斜撑构件的“结构过渡层”。木塔中明层和暗层交替布置，共有 5 个明层和 4 个暗层。第三，在木塔的 9 层空间外圈，都设置有完整的斗拱。有学者研究指出，这种暗层和斗拱的最大作用，是在地震来的时候，将地震波层层消化，起到阻尼作用，保证木塔不被地震破坏。第四，是木塔基础的加强构件，在木塔首层的外圈柱子之外，还有一圈柱子，也是 24 根，这圈增加的柱子将塔身和基座更紧密地联系在了一起。第五，应县木塔还有很多增加稳定性的设计，比如八角形平面、加厚墙体和夯土地基等。

其实，建筑学的很多原理从古至今并无本质变化。现代建筑不管是空间组织的方法还是结构系统的设计，在很多传统建筑上都能找到相对应的案例，很多现代建筑师都将传统视为重要的灵感来源。

斗拱结构

斗拱是中国传统木构建筑所特有的结构构件。传统建筑的视觉构图中的大部分往往是下部的木柱和上部的屋顶，而斗拱就设置在建筑的上下部之间，是建筑能否屹立的最关键构件，承上启下，传导重力，保持建筑的稳定性。

应县木塔能屹立千年不倒，与其采用的复杂严密的斗拱系统密切相关。全塔根据不同部位的结构需要，共采用了54种斗拱，将塔的梁、柱、枋等构件稳稳地柔性结合在一起。这些斗拱不仅在垂直方向上帮助实现了塔的高度与稳定，更重要的是在水平方向上，对地震波起到了极为有效的缓冲作用。

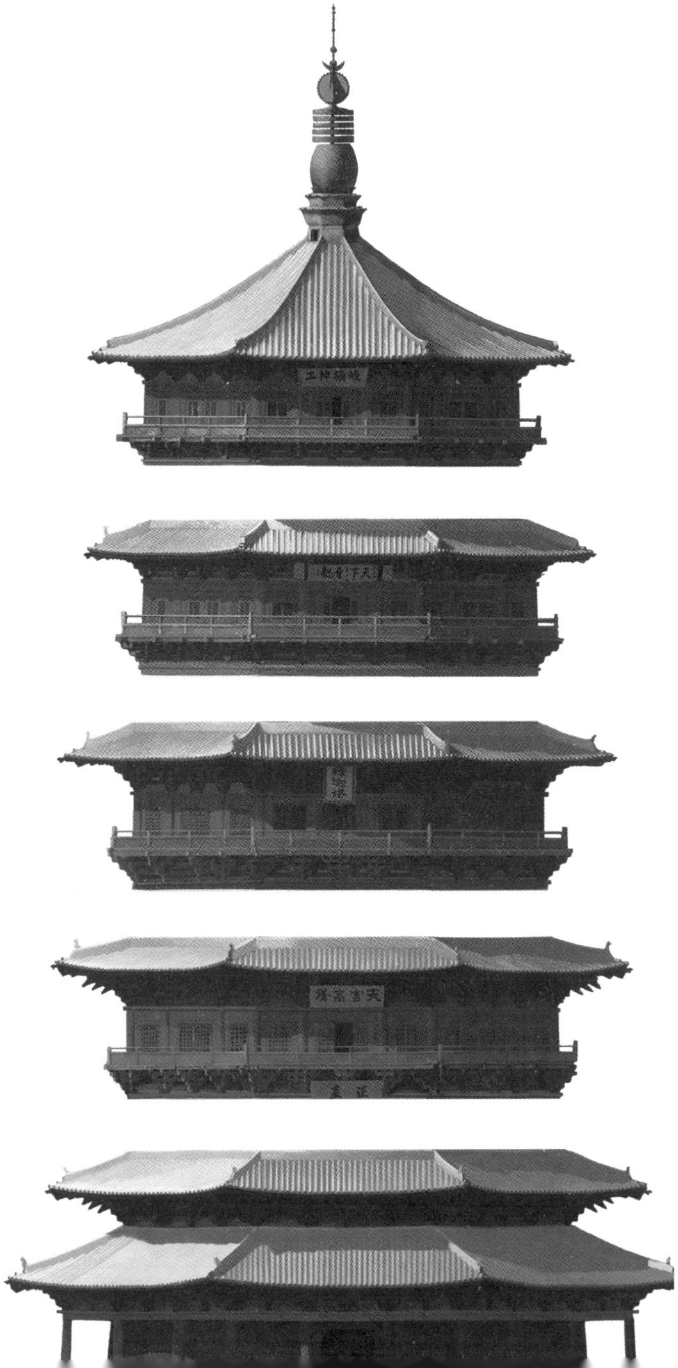

内部结构

塔第一层为重檐并有回廊，因此塔的外观为六层屋檐。内部设置了四层暗层，起到强化结构的作用。

木塔底层南北各开一门，二层以上设平座栏杆，每层都采用内、外两圈木柱支撑，每层外有24根柱子，内有8根柱子，木柱之间使用了许多斜撑、梁、枋和短柱，组成不同方向的复梁式木架。

东大殿位于寺内东侧山坡的一处高台上，面对一座大院，周围有二三十棵古松环绕。远远望去，仅一层高的大殿，“斗拱宏大，出檐深远”，向代代众生传达它始于远古的辉煌。

建筑外观上，佛光寺和其他中国传统建筑一样，可明显地分作三大部分：台基部分；柱梁部分；屋顶部分。台基是砖石混用，由柱脚至梁上结构部分，直接承托屋顶者则全是木造。

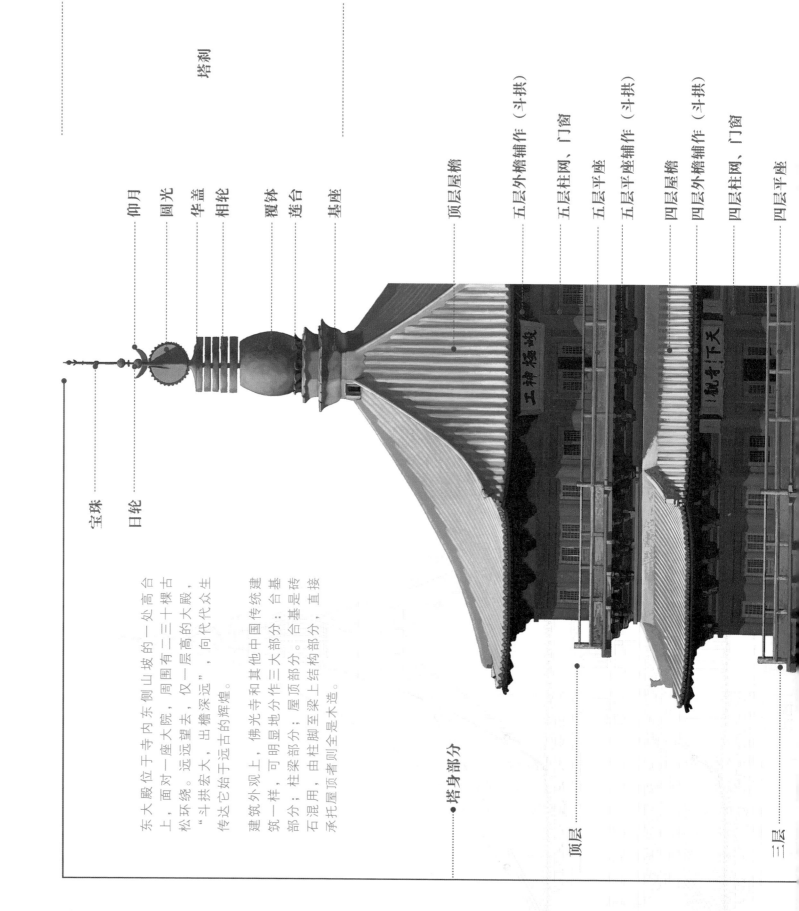

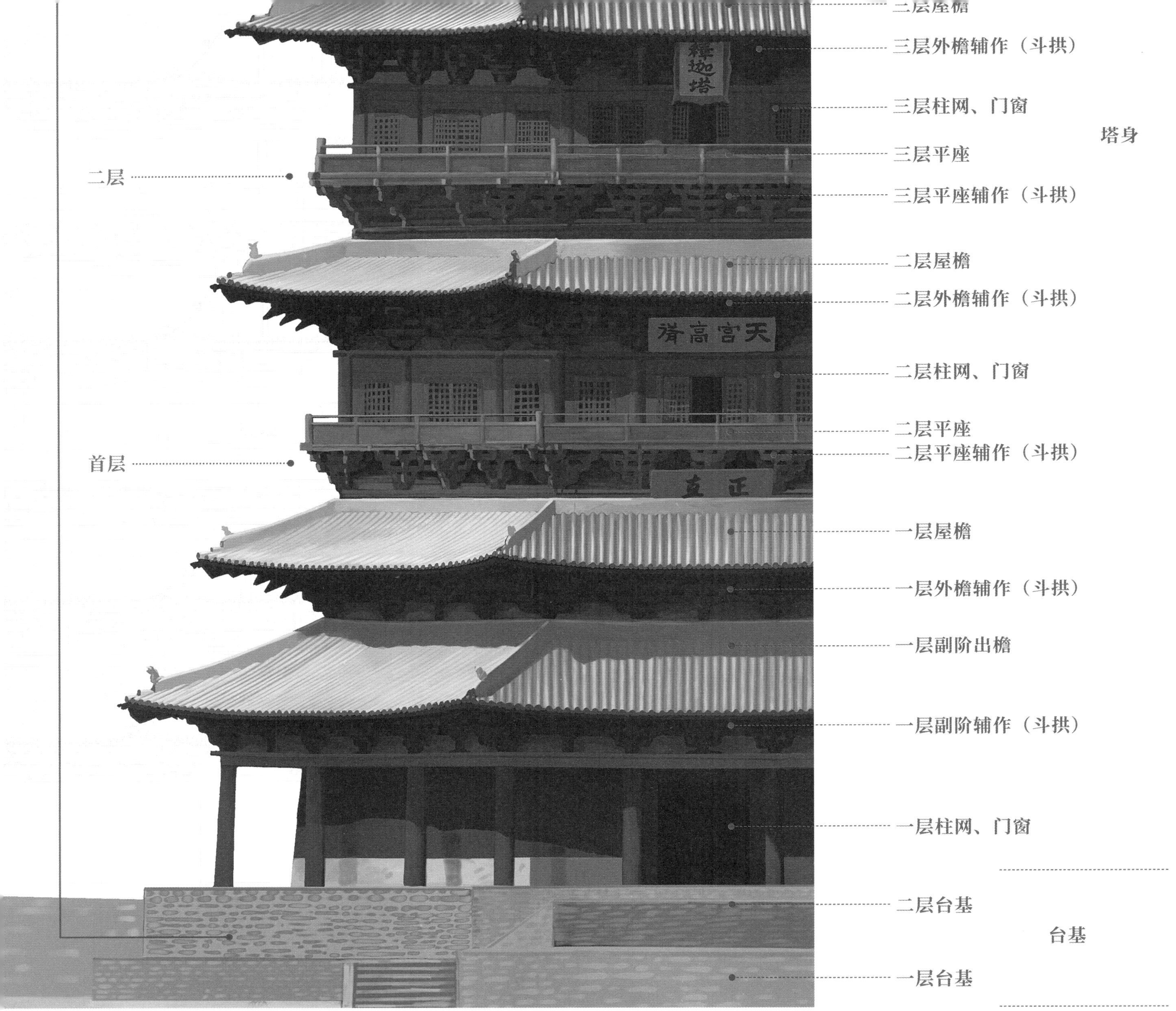

三层外檐辅作（斗拱）
三层柱网、门窗
三层平座
三层平座辅作（斗拱）
二层屋檐
二层外檐辅作（斗拱）
二层柱网、门窗
二层平座
二层平座辅作（斗拱）
一层屋檐
一层外檐辅作（斗拱）
一层副阶出檐
一层副阶辅作（斗拱）
一层柱网、门窗
二层台基
一层台基
塔身
台基
二层
首层
释迦塔

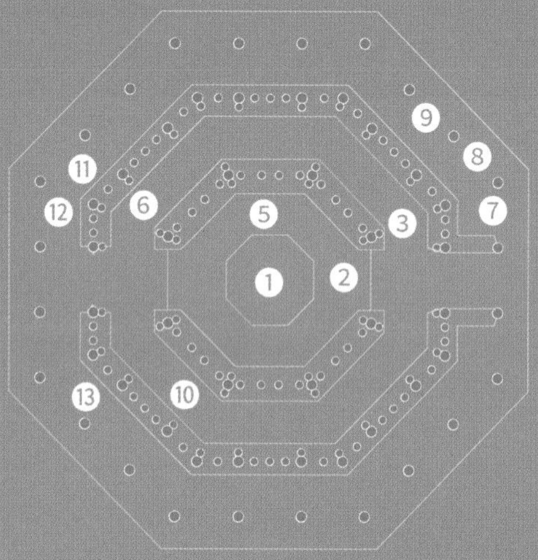

一层平面图

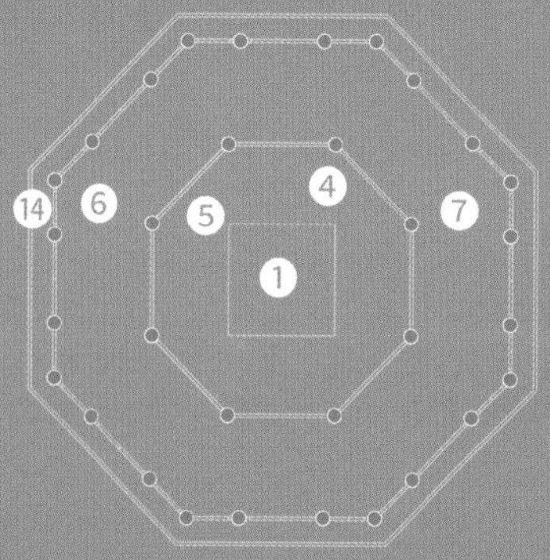

二层平面图

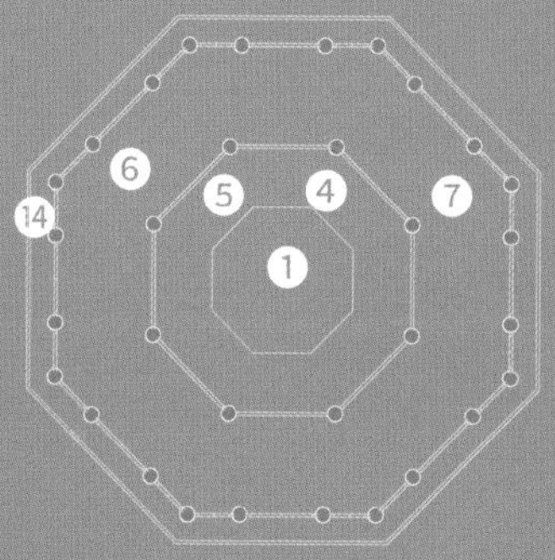

三层平面图

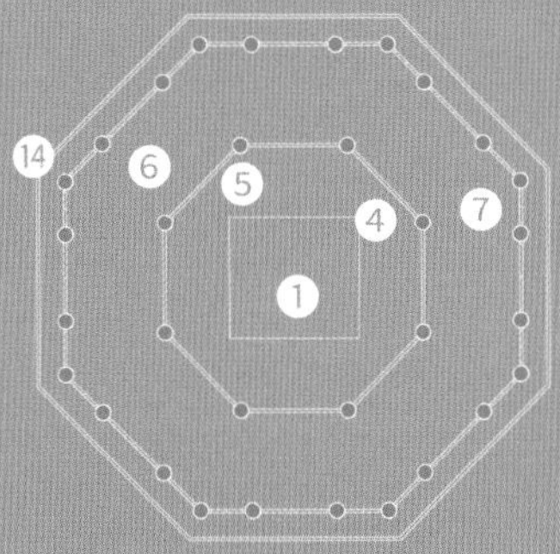

四层平面图

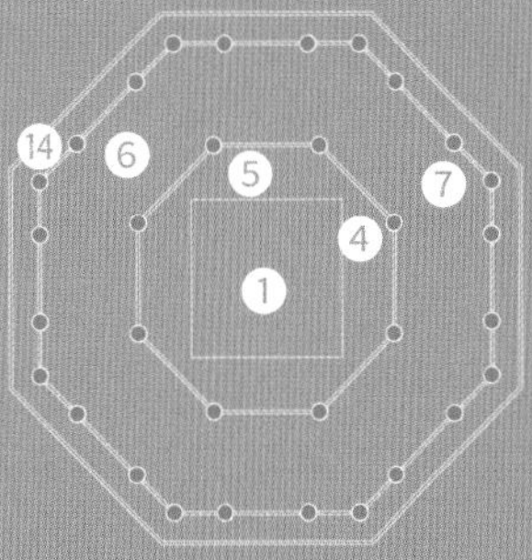

五层平面图

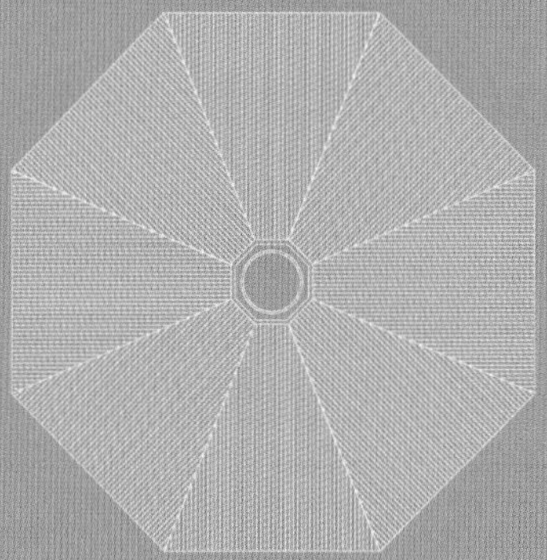

六层平面图

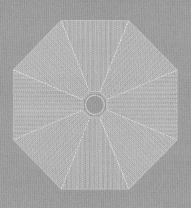

1.佛龛　2.里金柱　3.外金柱　4.金柱　5.内槽　6.外槽　7.檐柱　8.台基
9.副阶周匝　10.内墙　11.山柱　12.角柱　13.外墙　14.平座

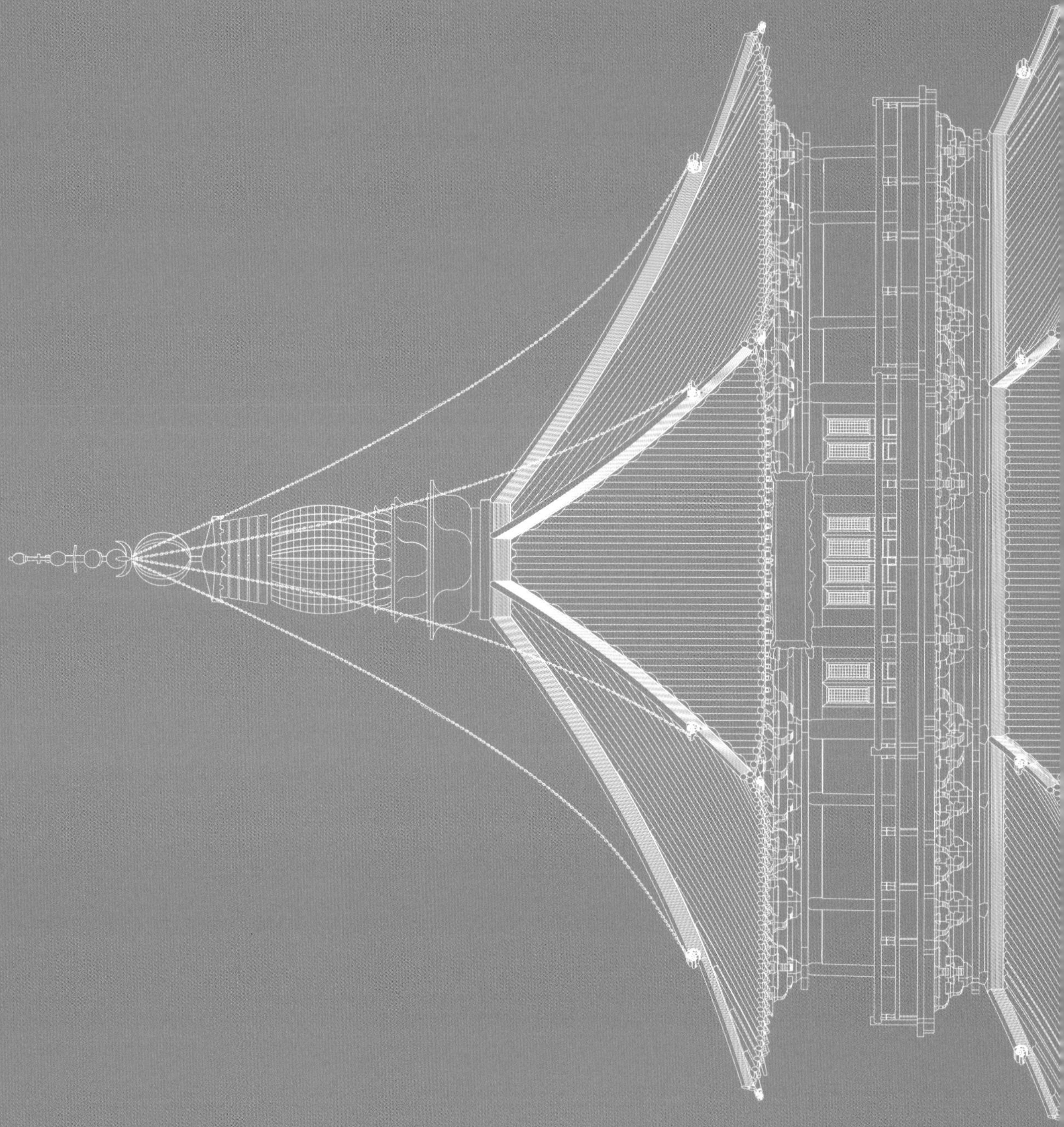

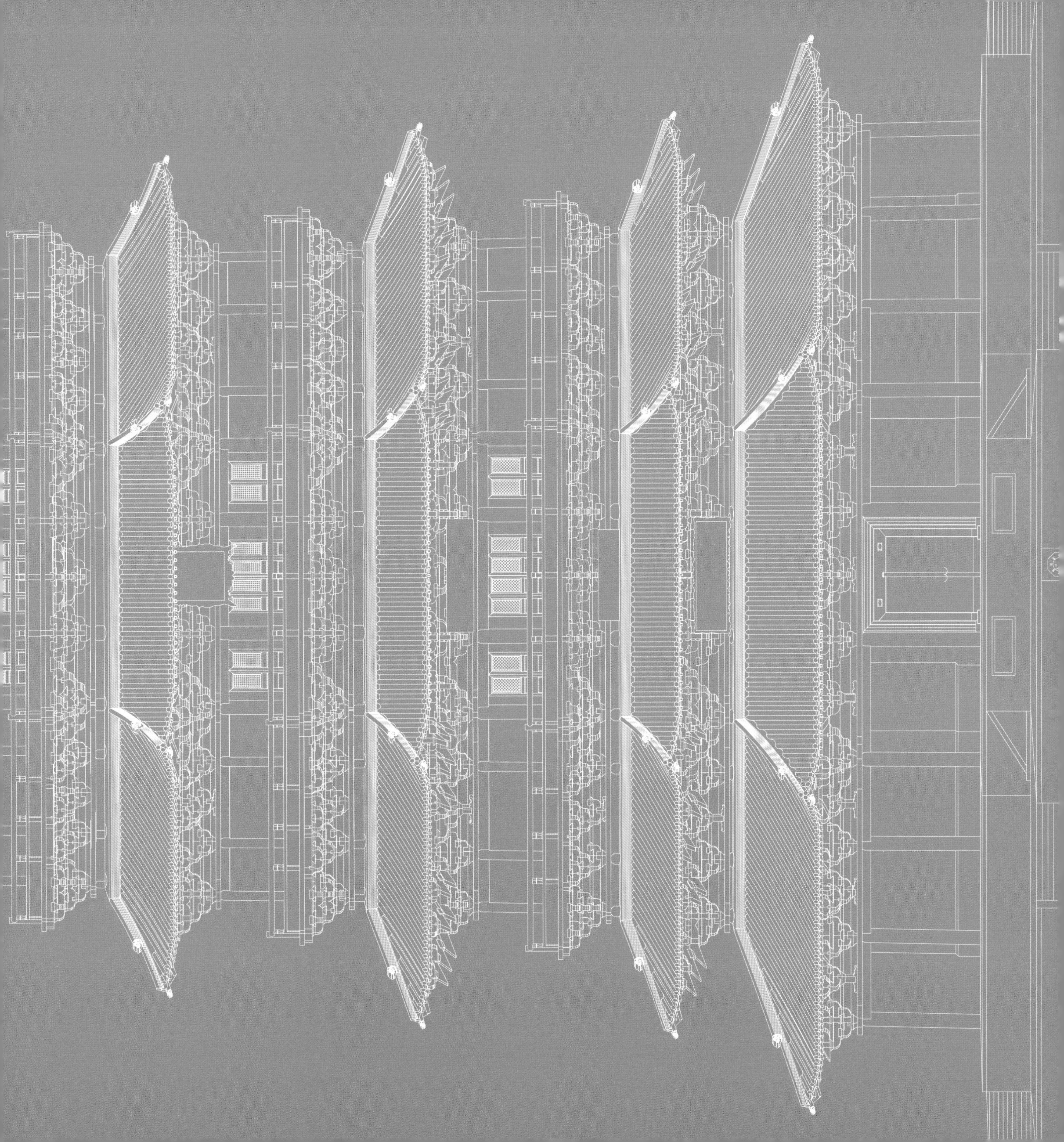

六和塔

六和塔依山傍水，在塔内各层均可凭栏远眺、飞扬神思，所以自建成以来就逐渐成为文人墨客和皇室贵族欣赏钱塘江美景的圣地。相传白居易《忆江南》中“日出江花红胜火，春来江水绿如蓝”描写的就是登塔后所看到的美景。

六和塔的塔身因环境而立，风景因塔而兴的和谐状态，在江南甚至在全国范围内，都是不多见的。由于六和塔与杭州的历史悠久、人文积淀浓厚有关，所以有很多的文学作品和民间传说与此塔有关。比如《水浒传》中，鲁智深和武松征讨方腊后出家的地方，正是六和塔所在的六和寺。

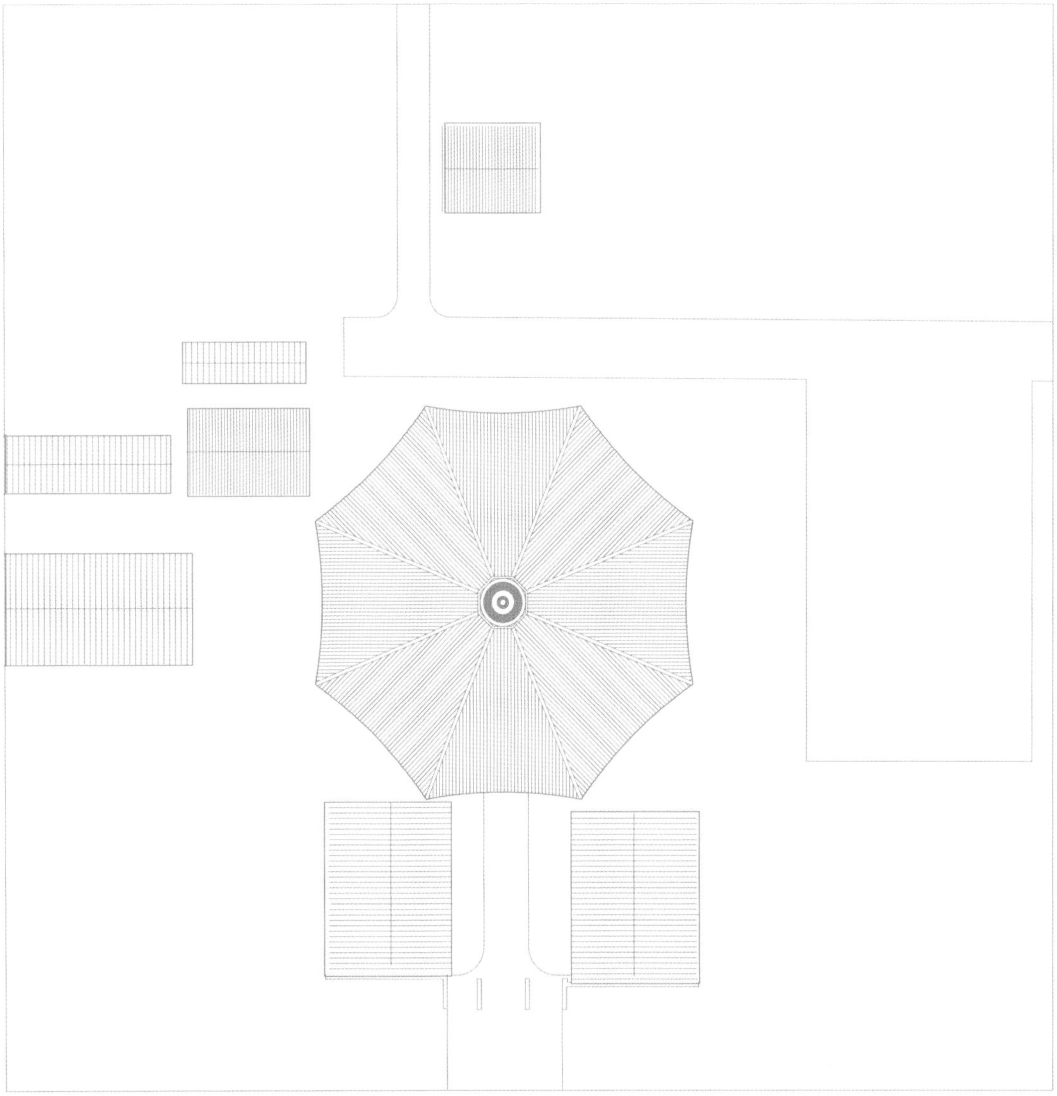

六和塔
Liuhe Pagoda

位置：浙江省杭州市钱塘江北岸六和寺内
年代：始建于宋开宝三年（970年），重建于南宋
规模：塔高59.89米，内部七层，外部十三层
类型：密檐式佛塔

六和塔的建筑特点

六和塔位于杭州西湖以南，钱塘江北岸，始建于宋开宝三年（970年）。六和塔又名“六合塔”，取佛教中的“天地四方”之意，是当时的吴越王为镇压江潮所修建。六和塔塔高59.89米，塔身为砖石结构共七层，外部木结构楼阁式檐廊为八面十三层，每级廊道两侧有壶门，塔内由螺旋阶梯相连，平面为八角形。

与我国众多古塔相比，六和塔的最大特点在于其密檐式风格和观景的功能。远观六和塔，塔身被出挑的十三层深灰色密檐所包裹，这些密檐内部就是塔身的外廊，因此有遮风挡雨的作用。同时，与塔身一样，密檐宽度由底层至高层逐渐缩小，使得六和塔整体看起来明暗相间，气宇非凡。

六和塔是中国传统建筑中，建筑与自然环境和人文诗书互相融合、交相辉映的典型范例。这种关系扎根并生长于江南水土的滋养，也陪伴和记录了国家社会的兴衰。这或许是一座建筑最引人入胜的状态。

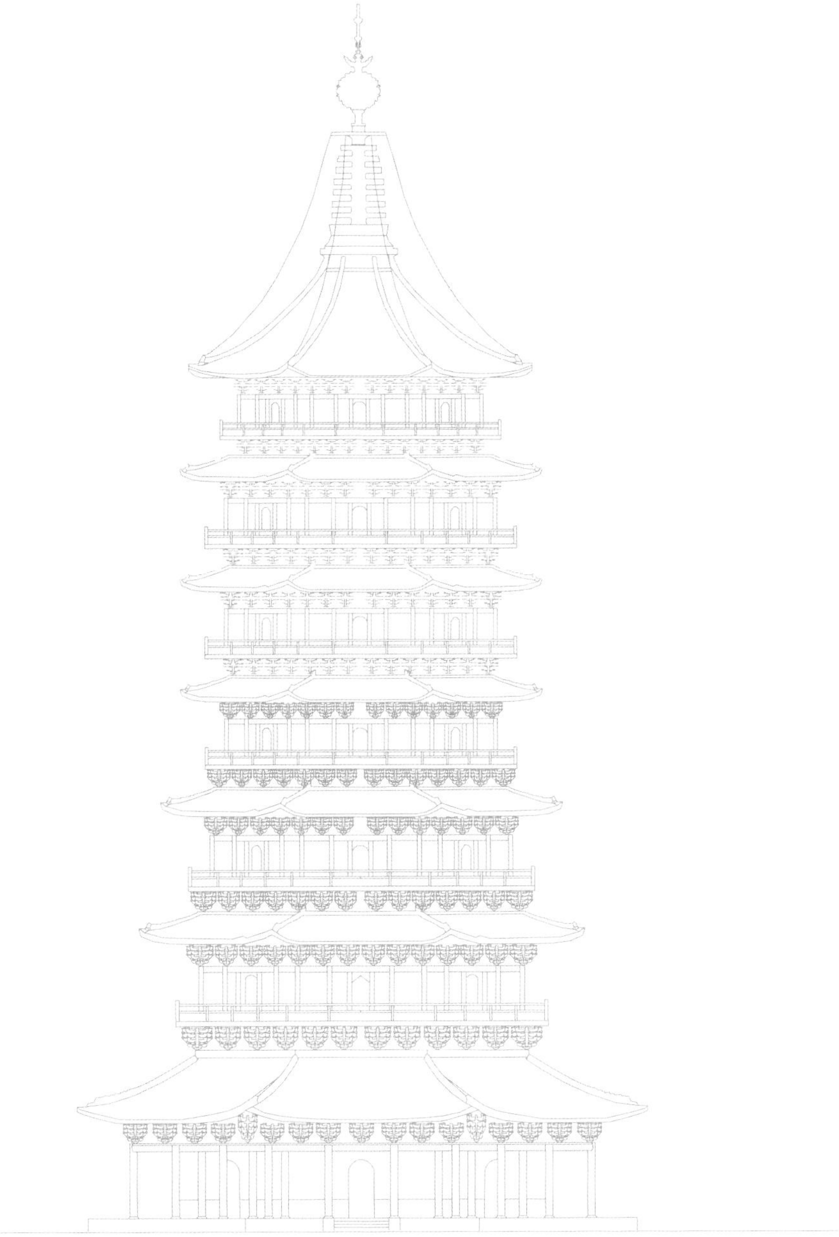

结构特点

塔身仿木结构形式砌筑，塔身每层有外墙、回廊、内墙和方形塔心小室四部分。每层方形中心塔室，用斗拱承托藻井。六和塔设计精巧，结构奇妙。塔外观呈八角形，腰檐层层支出，宽度逐层向上递减，檐上明亮，檐下阴暗，衬托分明。

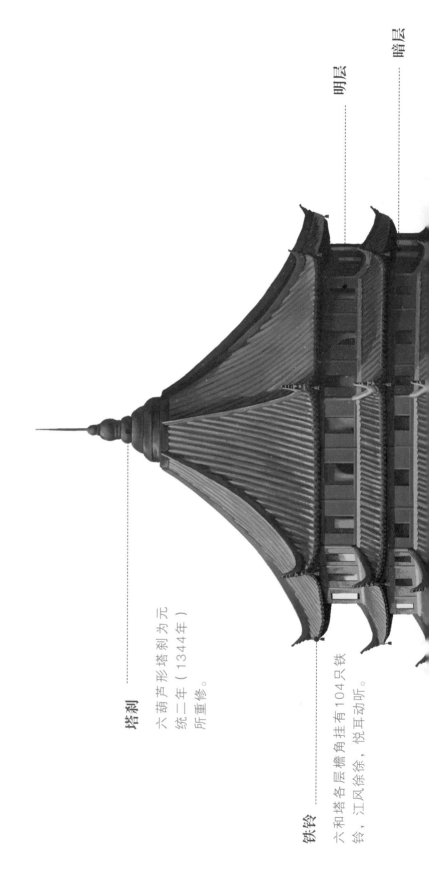

塔刹
六葫芦形塔刹为元统二年（1344年）所重修。
铁铃
六和塔各层檐角挂有104只铁铃，江风徐徐，悦耳动听。
明层
暗层

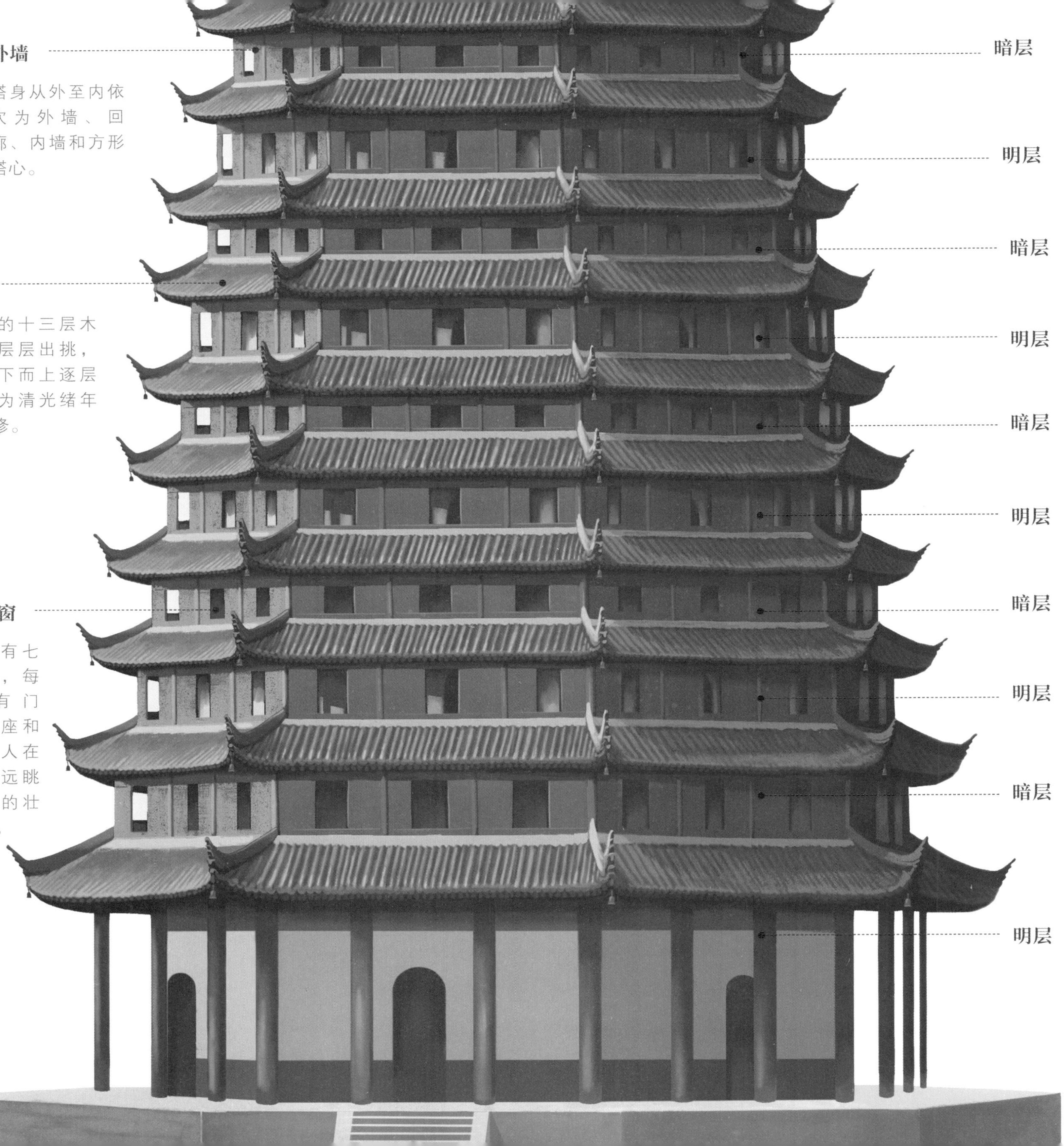

外墙

塔身从外至内依次为外墙、回廊、内墙和方形塔心。

腰檐

六和塔的十三层木构腰檐层层出挑，宽度自下而上逐层递减。为清光绪年间所重修。

外廊和窗

六和塔有七个明层，每层都有门窗、平座和外廊，人在其中可远眺钱塘江的壮阔风光。

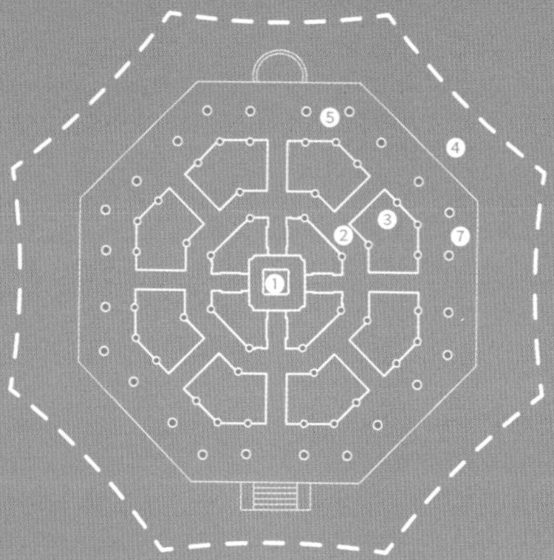

一层平面图

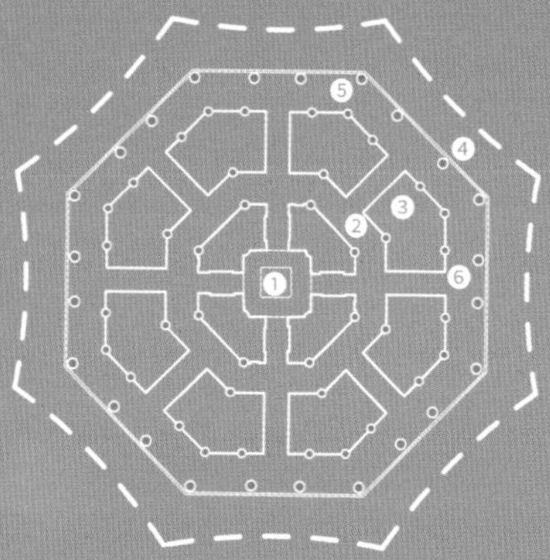

二层平面图

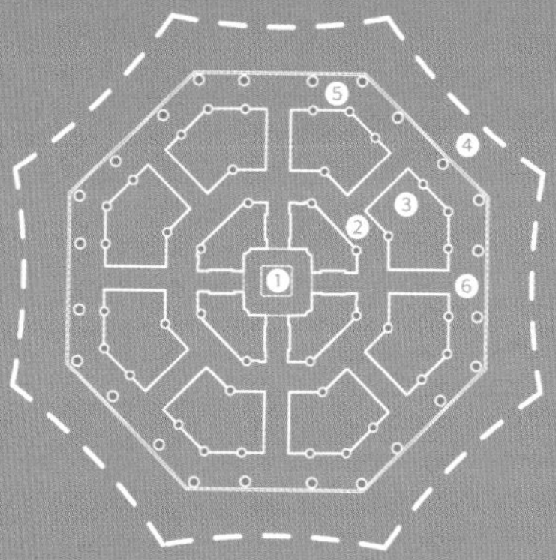

三层平面图

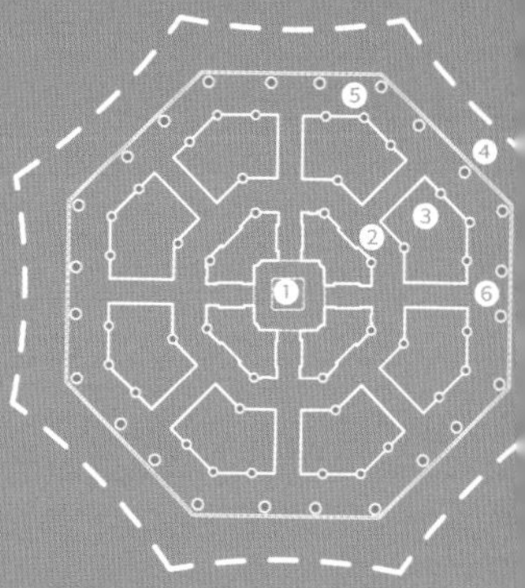

四层平面图

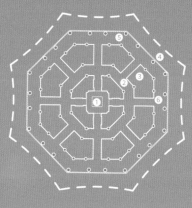

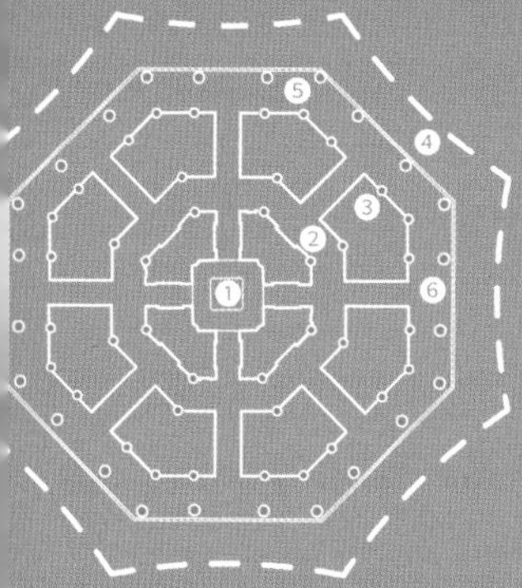

五层平面图

六层平面图

七层平面图

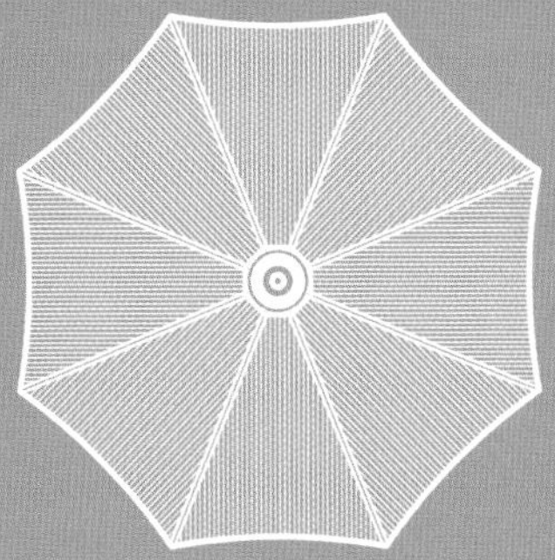

屋顶平面图

1.内廊小室
2.里金柱
3.外金柱
4.檐柱
5.角柱
6.平座
7.副阶周匝

崇圣寺三塔

（大理三塔）

崇圣寺三塔

The Chongsheng Temple and the Three-Pagoda

位置：云南省大理古城西北部1.5千米
年代：主塔南诏国时期（833—840年），小塔大理国段正严、段正兴时期（1108—1172年）
规模：主塔高约69米，小塔高约42米
类型：密檐多层塔

在我国西南横断山脉深处，盘亘着一条南北走向的巨大山脉，与大山相邻的，是一个几乎与其平行且等长的大湖。这种地理格局在我国传统的自然哲学里，算得上是顶级的风水宝地，而历史上的南诏古国，正是在这里诞生。此后的千年里，在这山湖之间，历代统治者陆续建立了大理、喜洲等古都，以及若干宗教寺院，为这个原本以自然山水为基本格局的地区增添了深厚的人文积淀。

金庸小说《天龙八部》中的天龙寺，正是此地的崇圣寺，历经战火与天灾，崇圣寺已毁，但寺中的三座白塔得以保存至今，并成为大理的符号，后改称崇圣寺三塔（大理三塔）。崇圣寺三塔集三种功能于一身，建塔艺术登峰造极，具有极高的历史、文化和建筑价值。

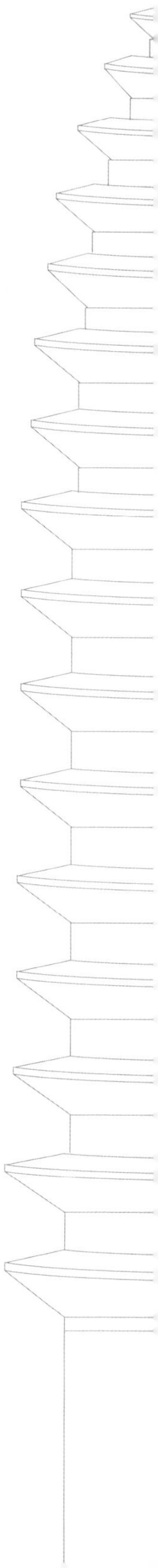

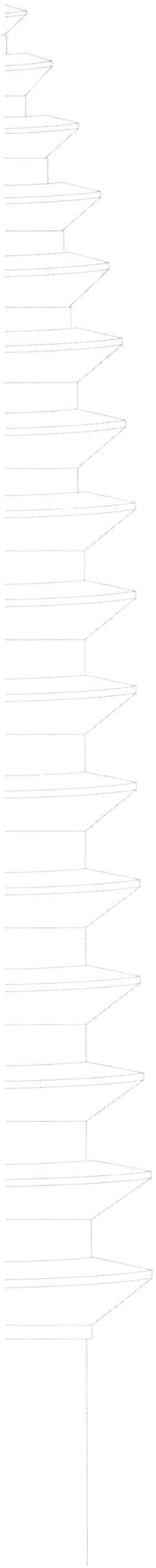

崇圣寺三塔的建筑特点

崇圣寺三塔坐落在云南大理古城西北郊，为一高两低三角形布局。最早建成的是大塔，名叫“千寻塔”，高约69米，是一座16层的方形密檐空心砖塔，为唐代建筑风格。200年后又在大塔的南北两侧，分别建立了小塔，高约42米，其外观轮廓线为锥形，为10层八角形密檐砖塔，是典型的宋代建筑风格。

千寻塔居中，两小塔南北拱卫。三塔的坐落格局在苍山洱海和古城风韵之间显得尤为突出。一方面是在视觉上三塔的人工几何与周围壮阔的自然形成强烈对比，另一方面是三塔的色彩会随着太阳的变化而千变万化，而唐宋密檐风格的塔身更加衬托出色彩的丰富。

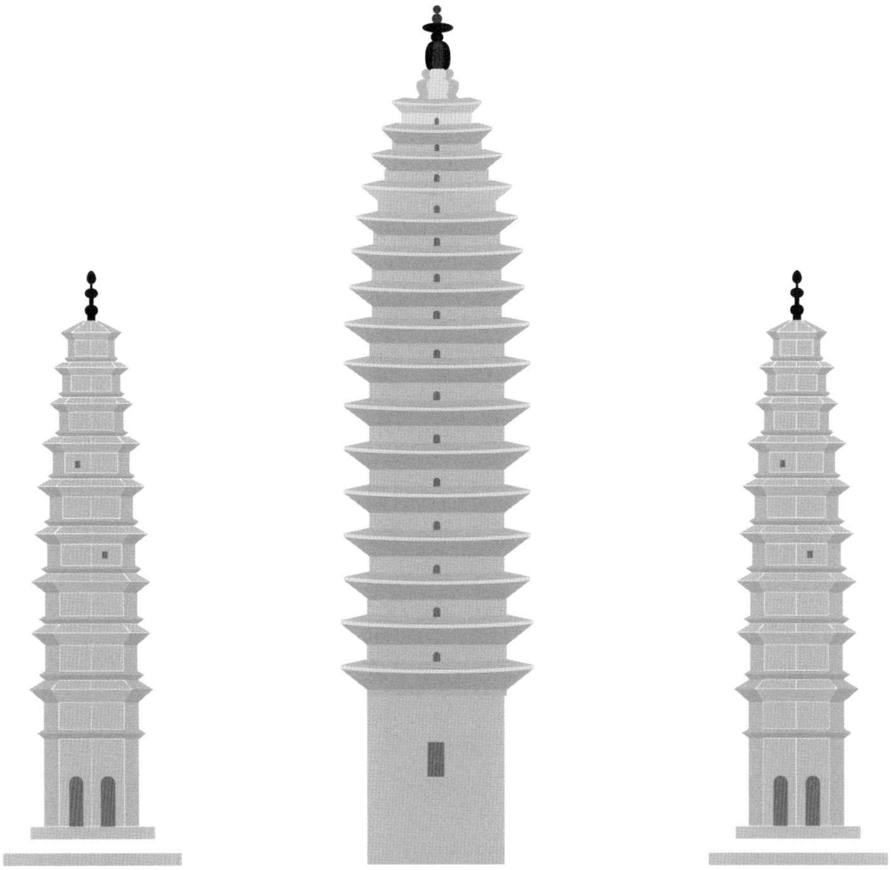

以上这两个特征就是大理三塔最为引人入胜的原因。明代地理学家徐霞客曾在游记中这样描述三塔的壮观：“三塔鼎立，塔四旁皆高松参天。其西由山门而入，有钟楼与三塔相对，势极雄壮。”

三座塔从建筑的角度看，都包含塔基、塔身和塔刹三部分。总体来看，大理三塔和中原地区的其他古塔相比，构造相对简单，也没有内部的多层空间，但其整体与外部环境的关系却极为相称，它以一种谦逊和谐的姿态，屹立在苍山洱海之中千年，形成了独特的自然人文景观。

千寻塔

千寻塔为崇圣寺三塔中的主塔，是崇圣寺三塔中最大的一座，位于南北两座小塔前方中间，所以又称中塔。“千寻”比喻此塔高耸入云。千寻塔的造型与结构是典型的唐代砖塔，与西安小雁塔、登封永泰寺塔、洛阳白马寺塔属同一种类型。

千寻塔塔心中空，为砖砌空筒式结构，塔内有井字形楼梯可以供攀登，塔体自上而下有两重塔基和塔身，塔身从第九层开始逐渐缩小，最上方为一个砖砌的仿藻井形态的穹隆顶，同时，其密檐采用叠涩结构（叠涩是一种古代砖石结构建筑的砌法，用砖、石，有时也用木材，通过一层层堆叠向外挑出或收进，向外挑出时要承担上层的重量），线条简洁大气，呈现出节奏之美。

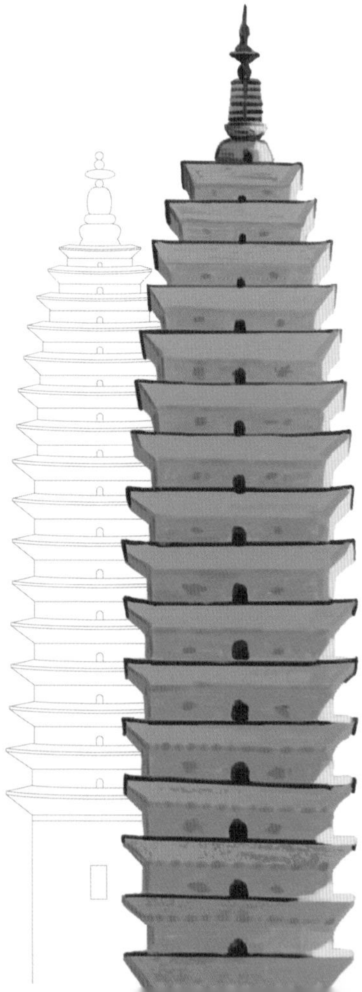

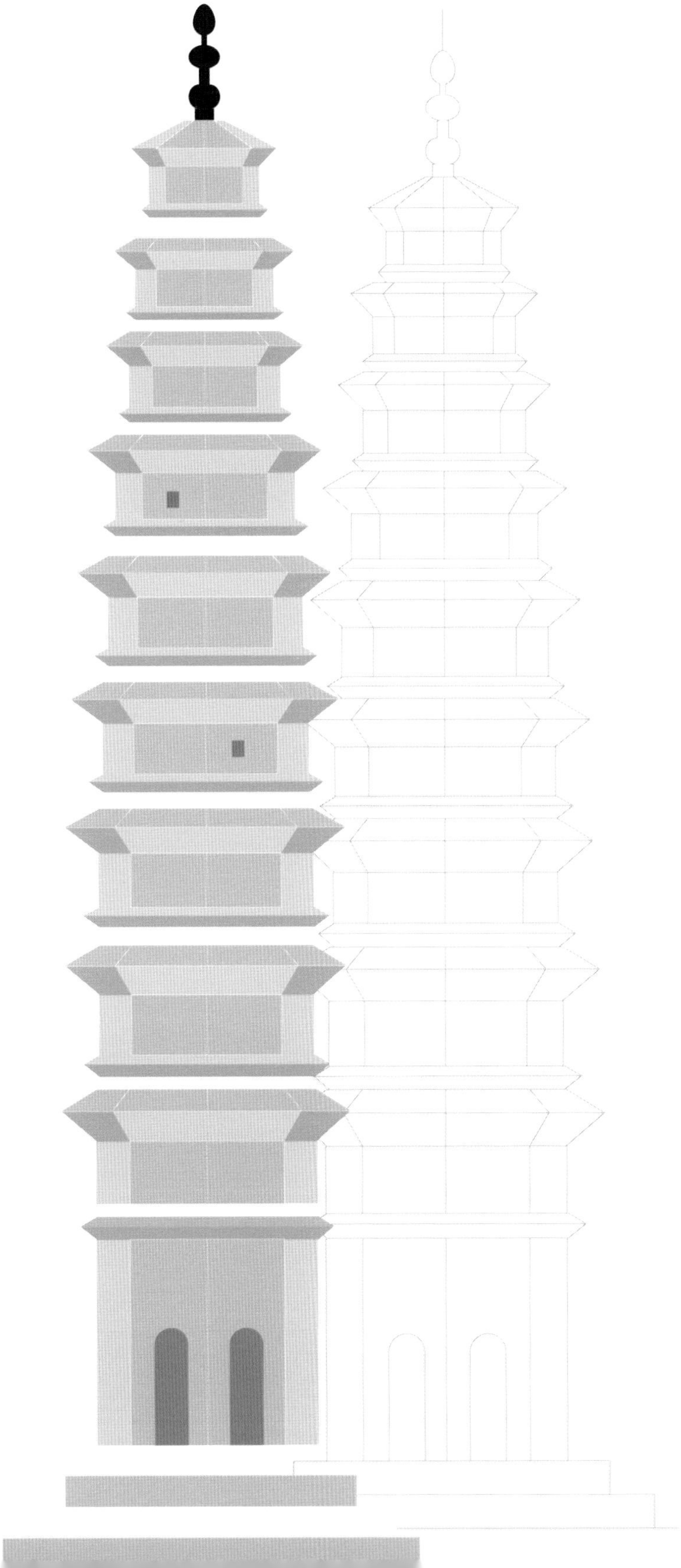

北塔和南塔

北塔和南塔距千寻塔各70米，形制统一，均为八角形平面、中空、密檐的十层砖塔，总高度约42米。塔身砌有莲花、斗栱平座、团莲、倚柱以及不同形式的塔形龛等。北塔和南塔外观轻盈灵动，和千寻塔的庄严雄伟形成鲜明对比。

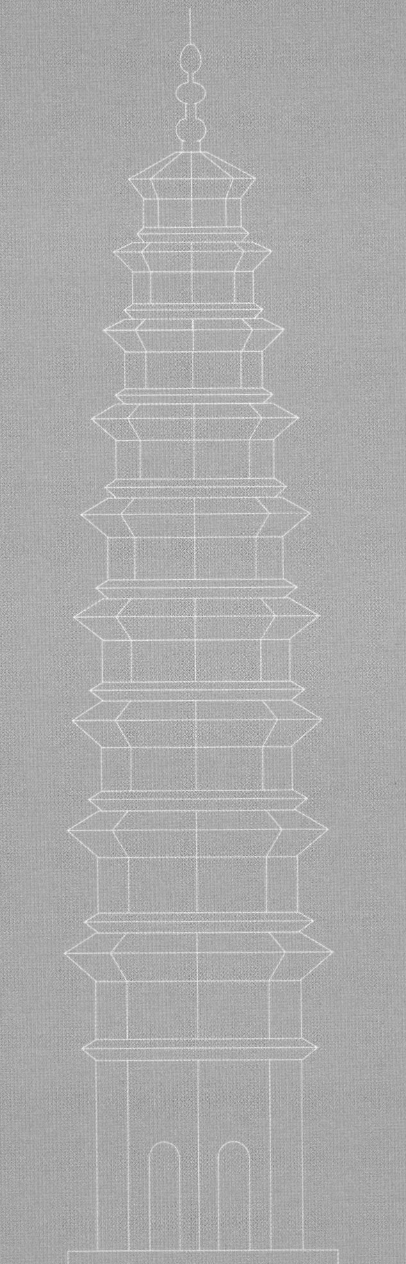

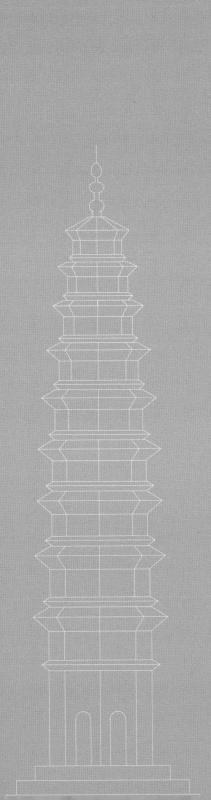

园林是在一定的地域范围内，利用并改造天然山水地貌或人为开辟山水地貌，结合植物的栽植和建筑的布置，从而构成一个供人们观赏、游憩、居住的环境，这在中国传统建筑中独树一帜。而且，中国园林的尺度也变化多端，大到可以容纳一个城市，小到仅够一人独处。在当今的中国建筑界，有一个以传统园林思想为学术主张的派别，将传统造园的方法和园林的精神与现代建筑设计相结合，为中国本土建筑学的发展开辟了一条新的道路。本章将介绍三个完全不同的中国园林，通过描述它们的区别，使读者建立对园林的整体理解。

园林

西湖

西湖位于杭州城西，三面环山，一面临城，总面积49平方千米，其中湖面面积6.38平方千米，还包含100多处古迹。白堤、苏堤等几处堤坝将西湖湖面分割成了若干小湖，其中也穿插有若干的塔、桥、亭、台。环绕西湖一周，不仅可以欣赏“西湖十景”的自然风光，也可以了解各种遗迹所记录的人文历史。西湖的格局，被古代皇帝和文人视为经典，北京颐和园就是参照西湖而建的。

观者普遍认为，西湖似乎只是个自然景区，与印象中的江南园林并没有什么关联。但从建筑学的角度来看，西湖就是一座标准的园林，具备园林的一切特征，只不过尺度稍大了些。在中国美术学院王澍教授的建筑学理论中，西湖和杭州是“一半山湖一半城”的格局，这代表了中国传统的美学观念和最高级的城市规划理念。在其他小型的园林中，也基本保持同样的格局，只不过一座城市变成了一两座建筑，

一座西湖变成了几亩花园。目前的中国城市千篇一律，这种山水和城市并置的案例已经几乎消失，但是在古代，人们将自然看作是生活中很重要的一部分，人们的日常生活并不能被建筑所填满，需要将主要的空间留给山水。这种情景，在很多古代山水画中都可以看到。幸运的是，在杭州的城市发展中，一直都将西湖作为城市中最重要的部分进行对待，虽然在西湖边也进行了现代化的商业开发，建造了高层建筑，但是因为有西湖在，这座城市的整体格局就不会有颠覆性的变化。

在我们观赏西湖时，别忘了将城市也纳入视线；在城市中生活时，也不要忘记西湖的浸润，这就是中国传统园林的境界。

西湖 West Lake

位置：浙江省杭州市城西
年代：五代至中华民国
规模：共49平方千米，湖面面积6.38平方千米
类型：自然和人文景观

沧浪亭

沧浪亭位于江苏省苏州市城南，始建于北宋，是目前苏州园林中最古老的一座。它曾为历代达官显贵的私人住宅，后经数次损毁修复，成了现在的模样，幸好园子的灵动之气仍在。沧浪亭与狮子林、拙政园、留园一起被列为苏州宋、元、明、清四大园林。

苏州园林的入口都十分低调狭小，好似有意遮挡内部的奇幻。沧浪亭的门也很小，只不过在进门之前，就可以先看到一池水波环绕围墙，这片水，就是沧浪亭名字中“沧浪”一词的由来。园内以山石景观为主，路径高低上下，曲折迂回，入门后西侧假山上的石亭，就是沧浪亭名字中“亭”的出处。此外，园内还有看山楼、面水轩、翠玲珑、明道堂等小景。

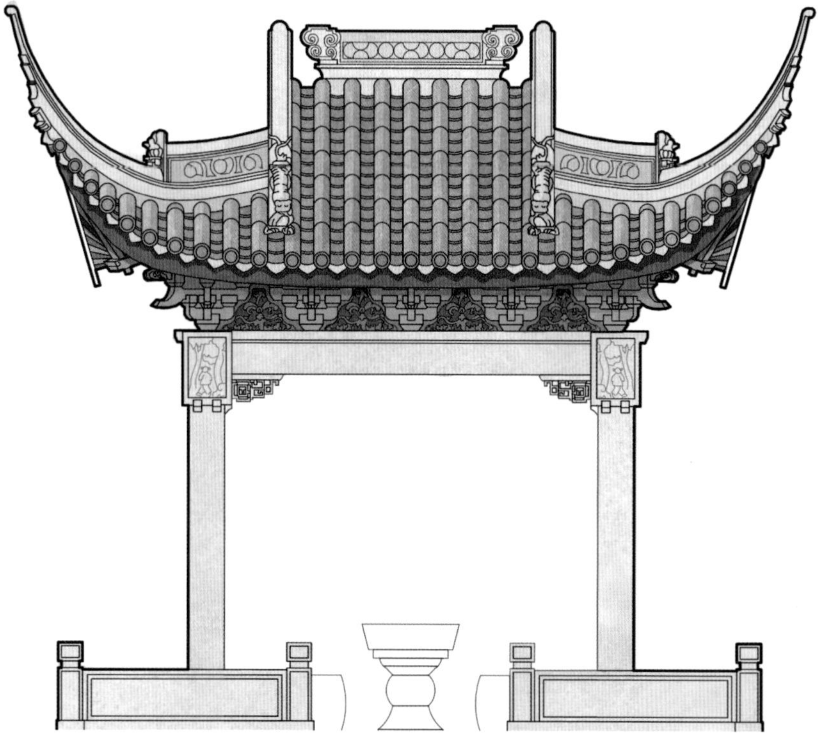

沧浪亭

Pavilion of Surging Waves

位置：江苏省苏州市城南
年代：始建于北宋，元、明、清、中华民国时期陆续修建
规模：1.08万平方米
类型：古典私家园林

沧浪亭

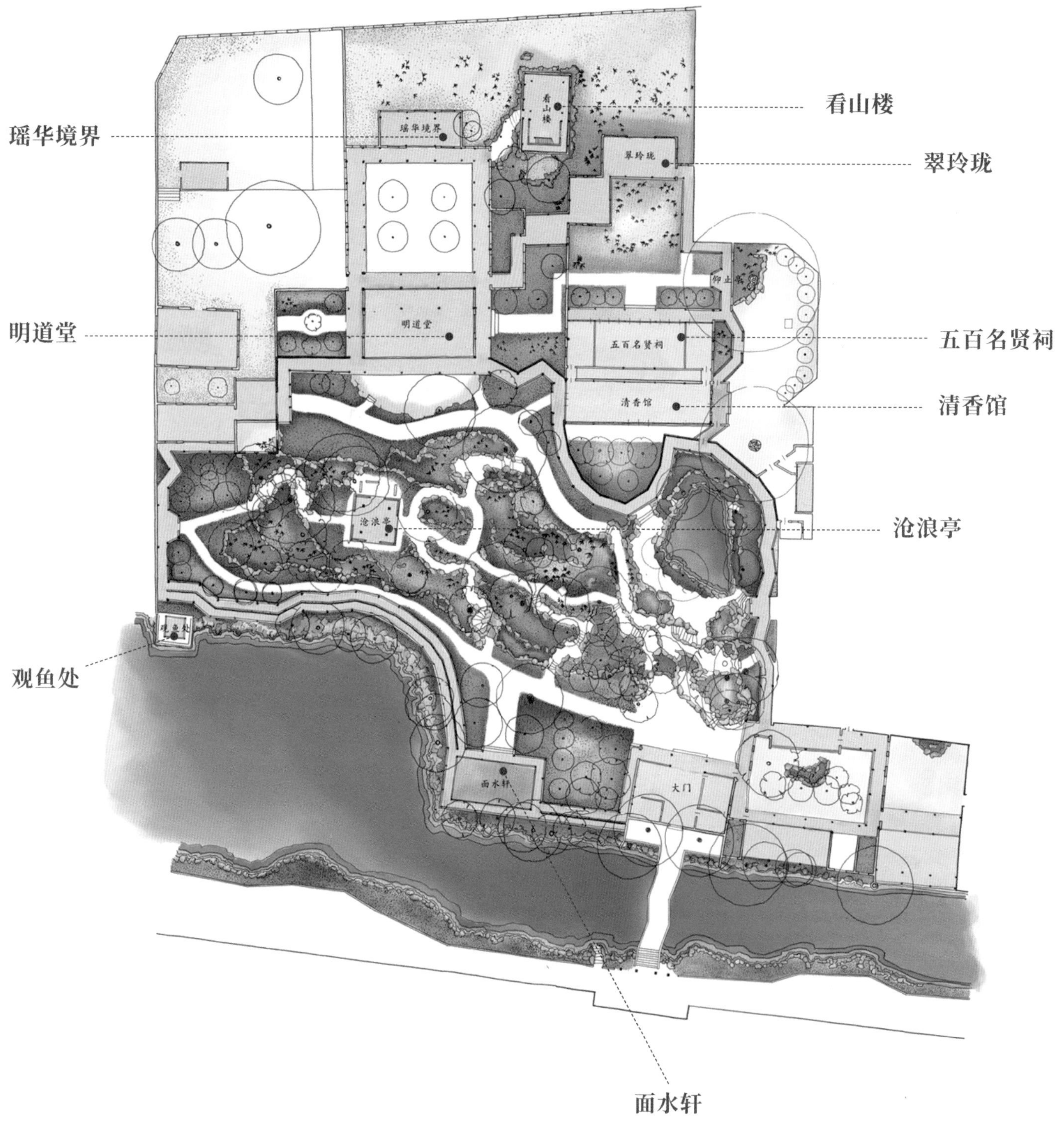

看山楼
瑶华境界
翠玲珑
明道堂
五百名贤祠
清香馆
沧浪亭
观鱼处
大门
面水轩

亭

亭只用几根柱子便撑起整个建筑，端庄大方，堪称中式建筑里“美”的象征。最早的亭多为四柱亭，与房屋结构相仿，但无四壁，这样的形制也流行至今。

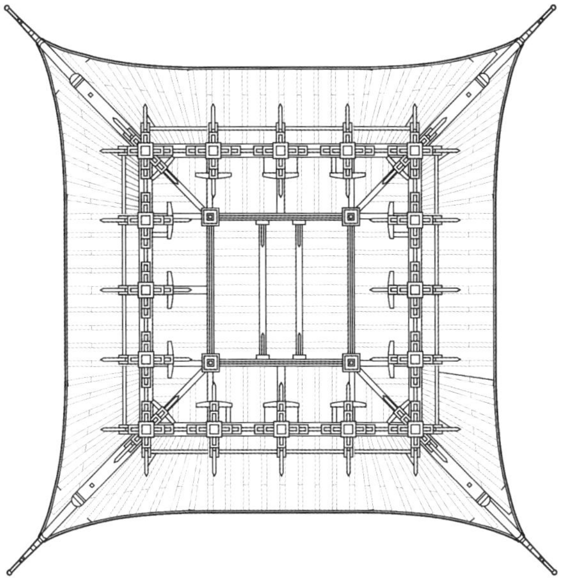

沧浪亭的空间特点

人们对沧浪亭十分喜爱，一方面是因为它的名字动听，另一方面是因为这个园林很小，但是精彩异常。如果将中国园林按规模分为大小两个方向轴，前面介绍的西湖就是大方向的极限，沧浪亭则是小方向的代表。

目前的沧浪亭总共占地1.08万平方米，但内部包罗万象。从构图来看，北边主要是建筑，南边主要是庭院，在建筑和庭院之间穿插的是各种回廊，回廊墙壁布满各式漏窗，通过对景、借景、透景、漏景等手法，使人走在其中，能感到步移景异，虚实变幻，将咫尺方圆的空间在观者的体验感知中无限丰富。

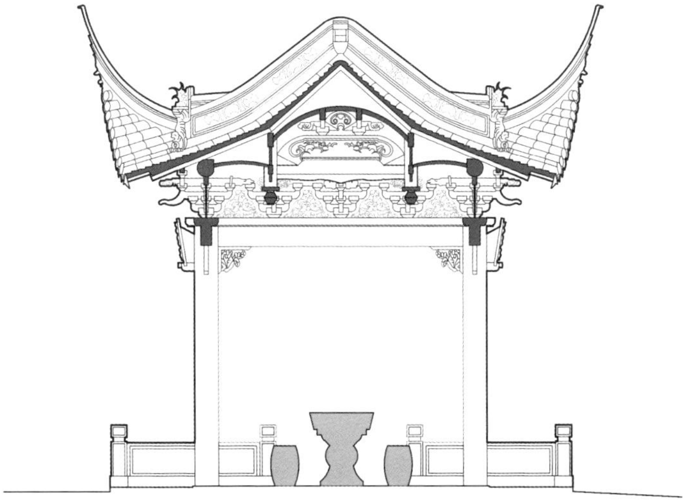

结合清代文学家沈复在《浮生六记》中描写沧浪亭的文字：“过石桥，进门折东，曲径而入。叠石成山，林木葱翠，亭在土山之巅。循级至亭心，周望极目可数里，炊烟四起，晚霞灿然”，我们可以感受到沧浪亭之灵动优雅。而园中沧浪亭石柱之上的一副对联：“清风明月本无价，近水远山皆有情”，说明园林思想的核心就是亲近自然。

狮子林

狮子林位于苏州城的东北，始建于元代，原本为禅宗寺庙，后逐渐转为私人宅邸。园内石峰众多，假山嶙峋，犹如狮子，因此得名狮子林。狮子林内的假山以湖石为主，是我国古典园林中湖石假山规模最大、最复杂的代表。

值得一提的是，狮子林曾经是美籍华裔建筑大师贝聿铭的家族私宅，贝先生童年的大部分时间就是在狮子林中度过的。他的建筑作品以抽象的东方几何和空间组合最为著名，这与他小时候的园林居住经验不无关联。

狮子林内的假山

狮子林

Lion Forest Garden

位置：江苏省苏州市城内东北部
年代：始建于元末，明、清、中华民国时期持续修建
规模：1.1万平方米
类型：古典私家园林

狮子林的空间特点

狮子林的空间布局也同样分为建筑和庭院两部分，建筑包括家族祠堂和住宅。中国园林的魅力在于虽然构图手法相似，但每个园子的特点完全不同。前面介绍的沧浪亭，以紧凑灵动著称，狮子林则以幽深奇绝为特征。狮子林横向极尽迂回曲折，竖向力求回环起伏。庭院区域内的假山高低起伏，形态各异，所有假山可归纳为 9 条假山山脉，21 个洞穴，其中穿插无数迷宫式小径，同时还有水系萦绕其中。据说在雨季，假山的一些部分还会被水淹没，使空间的幽奇氛围达到极致。

狮子林的假山，通过模拟与佛教故事有关的人体、狮形、兽像等，喻佛理于其中，以达到渲染佛教气氛之目的。它的山洞做法也不完全是以自然山洞为蓝本，而是采用迷宫式做法。园东部叠山全部用湖石堆砌，并以佛和狮子作为拟态造型，进行抽象与夸张。

经过数百年的沉淀，狮子林形成了自己的特征，因而成为苏州园林的经典。至于怎么理解园中的假山怪石，不必有标准答案，园林本就是一种虚幻之境，这也许就是狮子林给我们的另一种启示。

在中国现代建筑的发展中，建筑的面貌与传统建筑有了本质的区别，这主要是因为建筑技术的进步、城市规模的增加、政治经济的变革和人们生活工作方式的转变等原因形成的。在世界范围内，自18世纪欧洲工业革命开始，传统建筑就逐渐淡出建筑师的视野了。在中国，这种新老交替发生的时间要晚一些，大概在20世纪初，随着第一代留洋建筑师陆续回国，将西方建筑的前沿理念带回国内，中国式现代建筑才开始在城市中出现。但需要指出的是，传统建筑中的很多基本原理，在现代建筑中是可以继续应用的。中国现代建筑发展的第一个高峰，是新中国成立之后的10–20年左右，在这期间，集中建设了一大批新的公共建筑，以北京当时的十大建筑为代表，这些建筑无论是在空间组织、材料选择，还是在与传统建筑的关联上，都十分考究，以至于半个世纪过去了，这些建筑仍然在发挥着至关重要的作用，逐渐成为这座城市乃至国家的象征。本章选取了五座新中国成立以来的建筑，希望可以引导读者从整个建筑发展史的角度来重新认识这些经典建筑。

现代公共建筑

中国国家博物馆

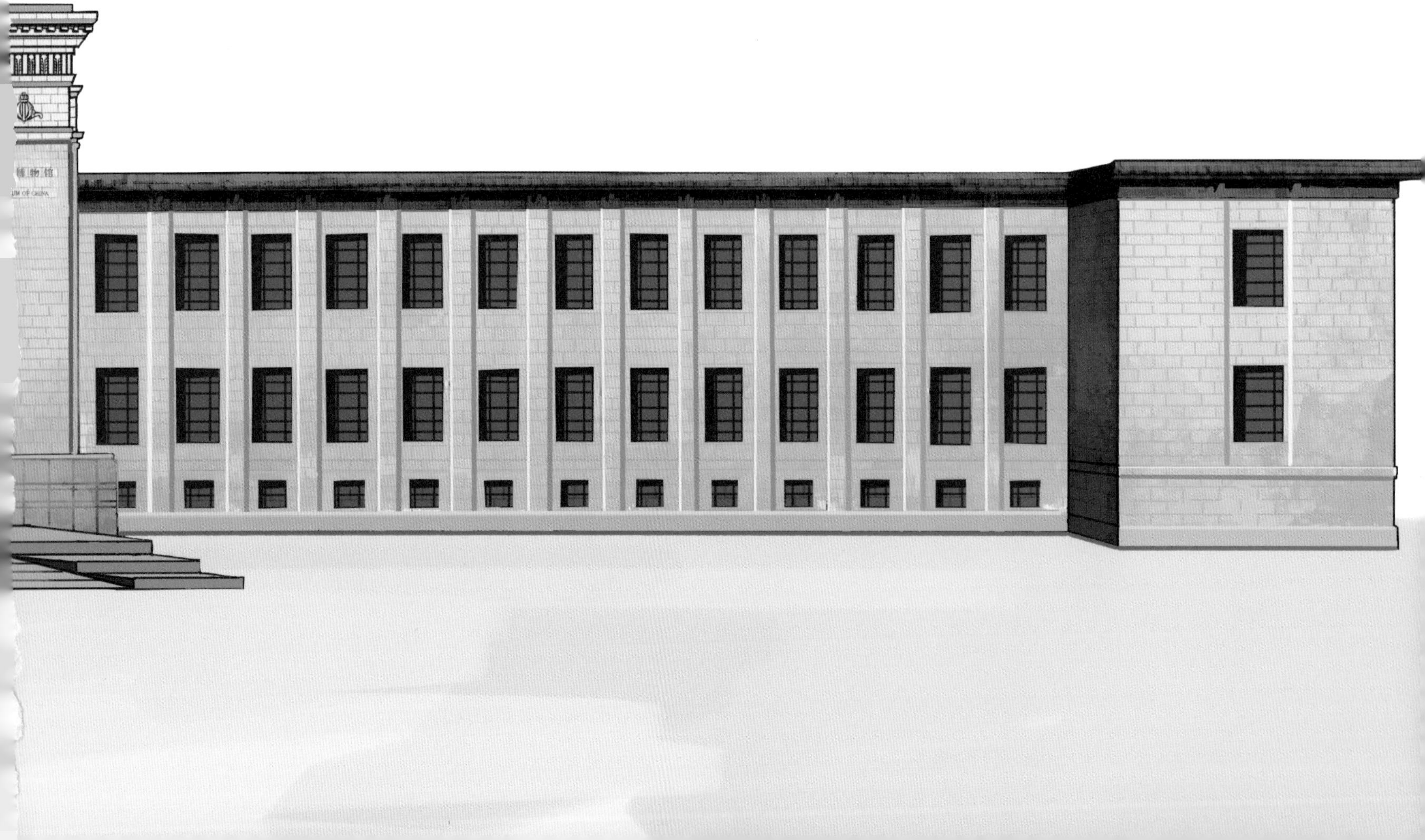

中国国家博物馆
NATIONAL MUSEUM OF CHINA

中国国家博物馆
NATIONAL MUSEUM OF CHINA

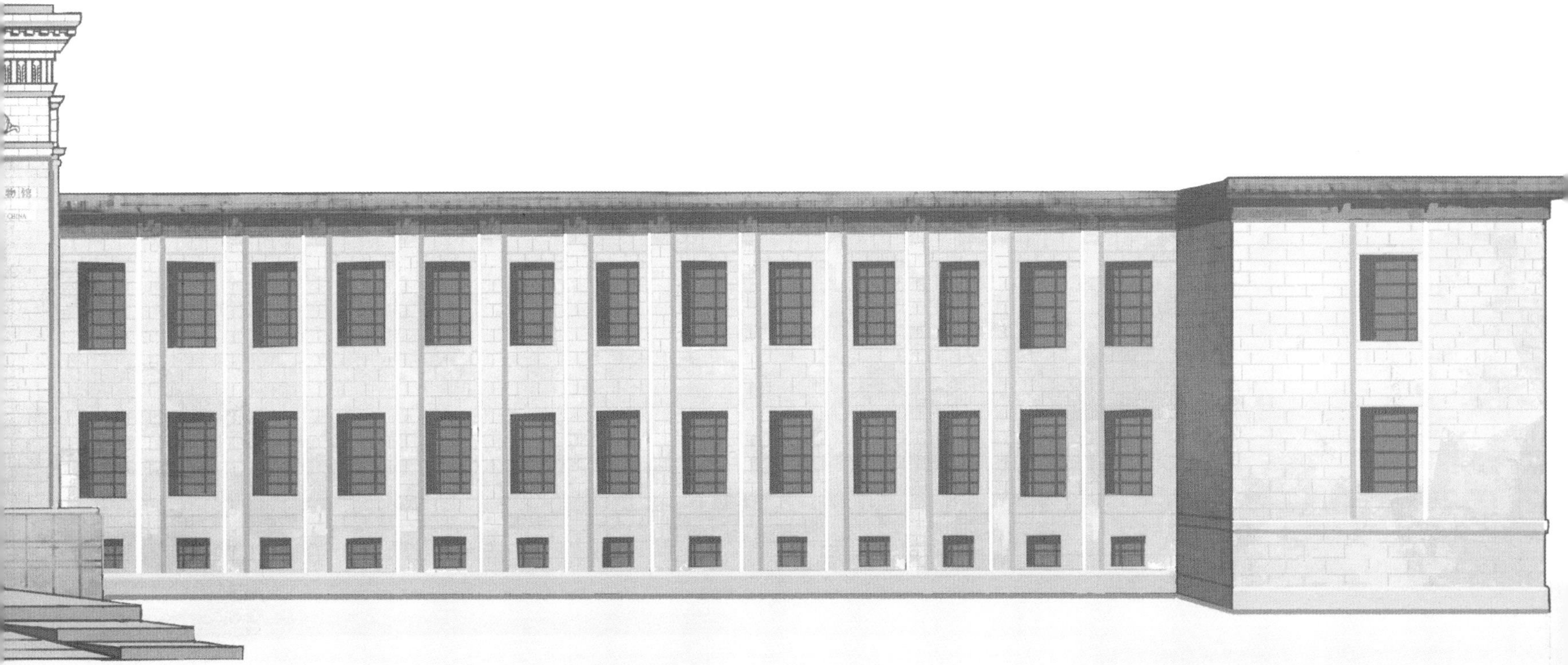
物馆
CHINA

中国国家博物馆历史悠久，几经更名。最早的前身为1912年成立的国立历史博物馆；新中国成立后，中央决定在天安门广场东侧新建中国革命博物馆和中国历史博物馆；而后在2003年，两馆合并，且统一更名为中国国家博物馆；2012年，中国国家博物馆建筑改扩建完成，并对外开放，延续至今。回溯经典，本文所要介绍的建筑，即为改扩建之前的原中国革命博物馆和中国历史博物馆。为了更清楚地介绍这座建筑，下文将名称统一为中国国家博物馆。

中国国家博物馆

National Museum of China

位置：北京天安门广场东侧
年代：2012年改扩建完成并正式对外开放
规模：近20万平方米
类型：现代公共建筑

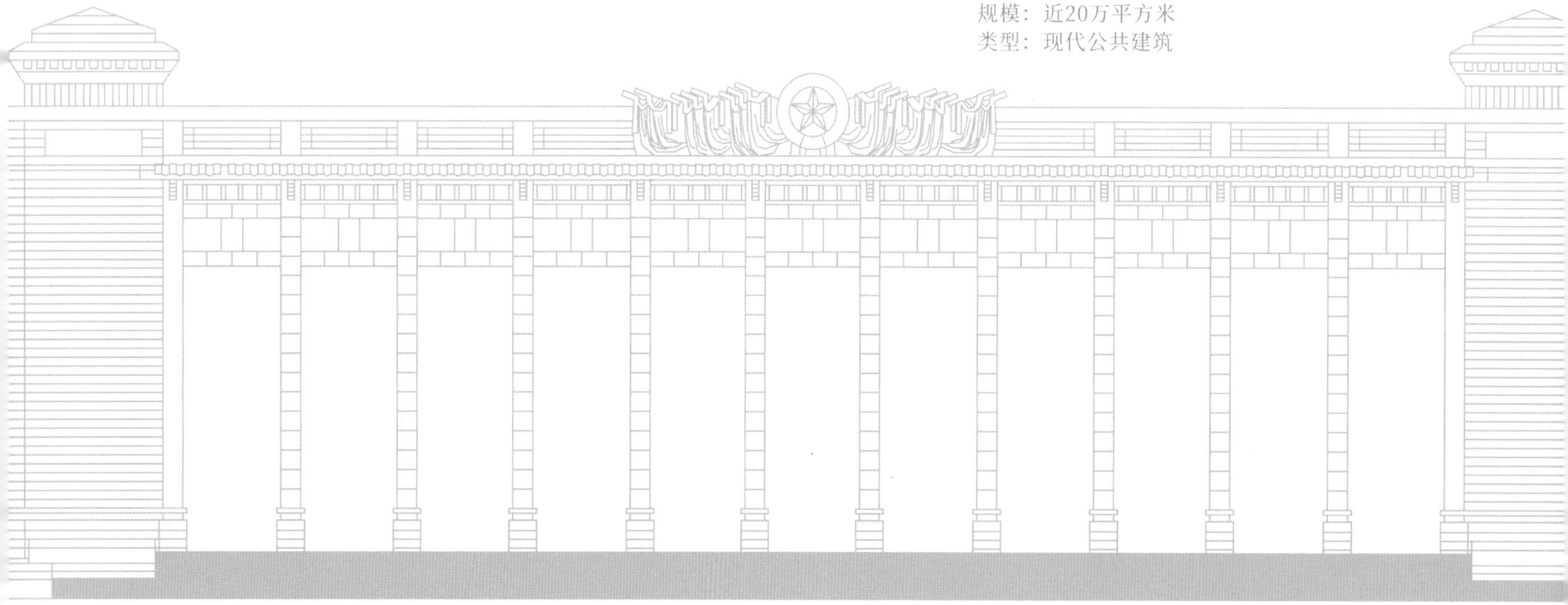

中国国家博物馆的建筑特点

中国国家博物馆与人民大会堂分居天安门广场中轴线东西两侧。因主要功能为展览与陈列，所以整个建筑平面由几条通长的线型展廊组成，展廊之间为内向庭院，整体形成“目”字形平面格局。这种形式的空间布局，非常适合大型展览类建筑，在卢浮宫、大英博物馆和大都会博物馆等世界上若干重要的博物馆建筑中，也都有所体现。

中国国家博物馆的最精彩之处要数西立面中央的巨型柱廊。这组柱廊位于大台阶的顶部，有东西两排，各12根柱子，11个开间，是观众进出的主要通道。柱廊东侧，是一个内向庭院，而内向庭院又联系了博物馆室内空间的出入口。台阶、柱廊和庭院，共同构成了中国国家博物馆建筑的中轴礼仪空间，极具纪念性。

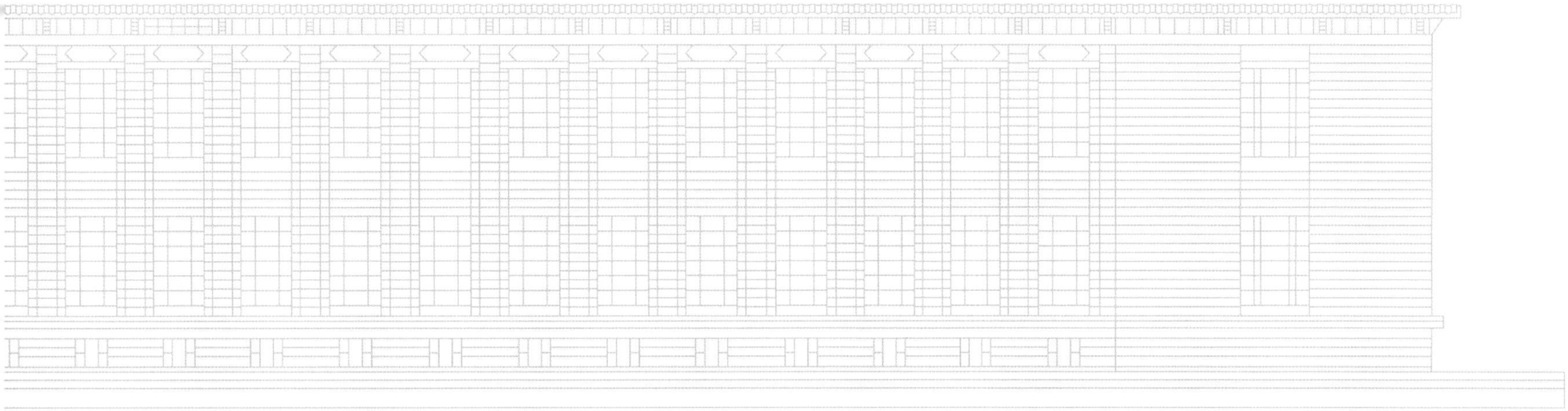

这种空间组织方法，遵循了中国传统建筑的文脉，比如故宫内的太和殿，立面的第一个层次为台阶和屋檐下的虚空柱廊，柱廊之后，才是建筑的室内空间。中国国家博物馆作为我国最重要的公共展览建筑，其规模的宏大和功能的复杂是前所未有的，当时的建筑前辈采用了柱廊作为解决功能和呼应传统的点睛之笔，使整座建筑成为一个可以永恒的经典之作。

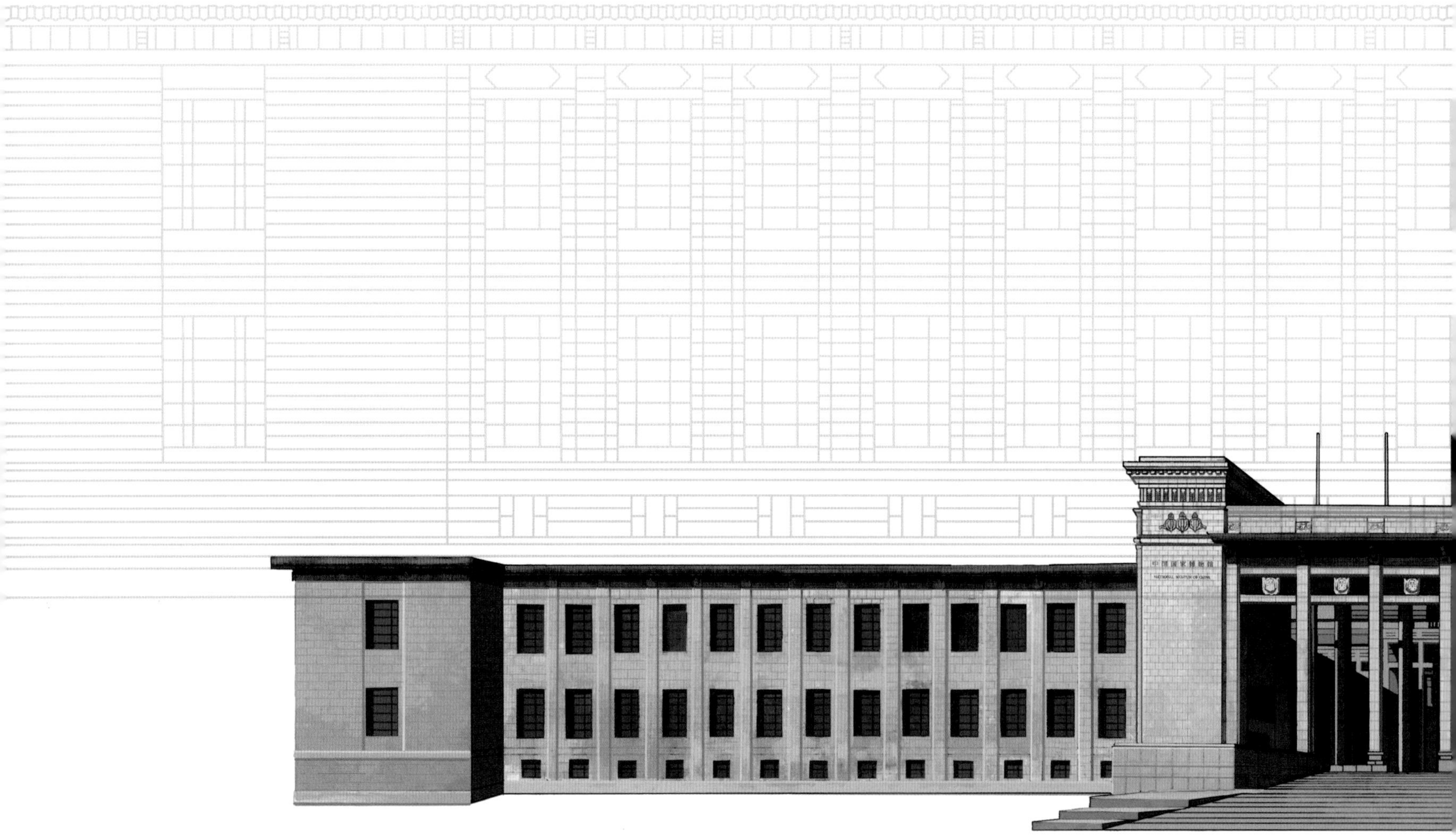

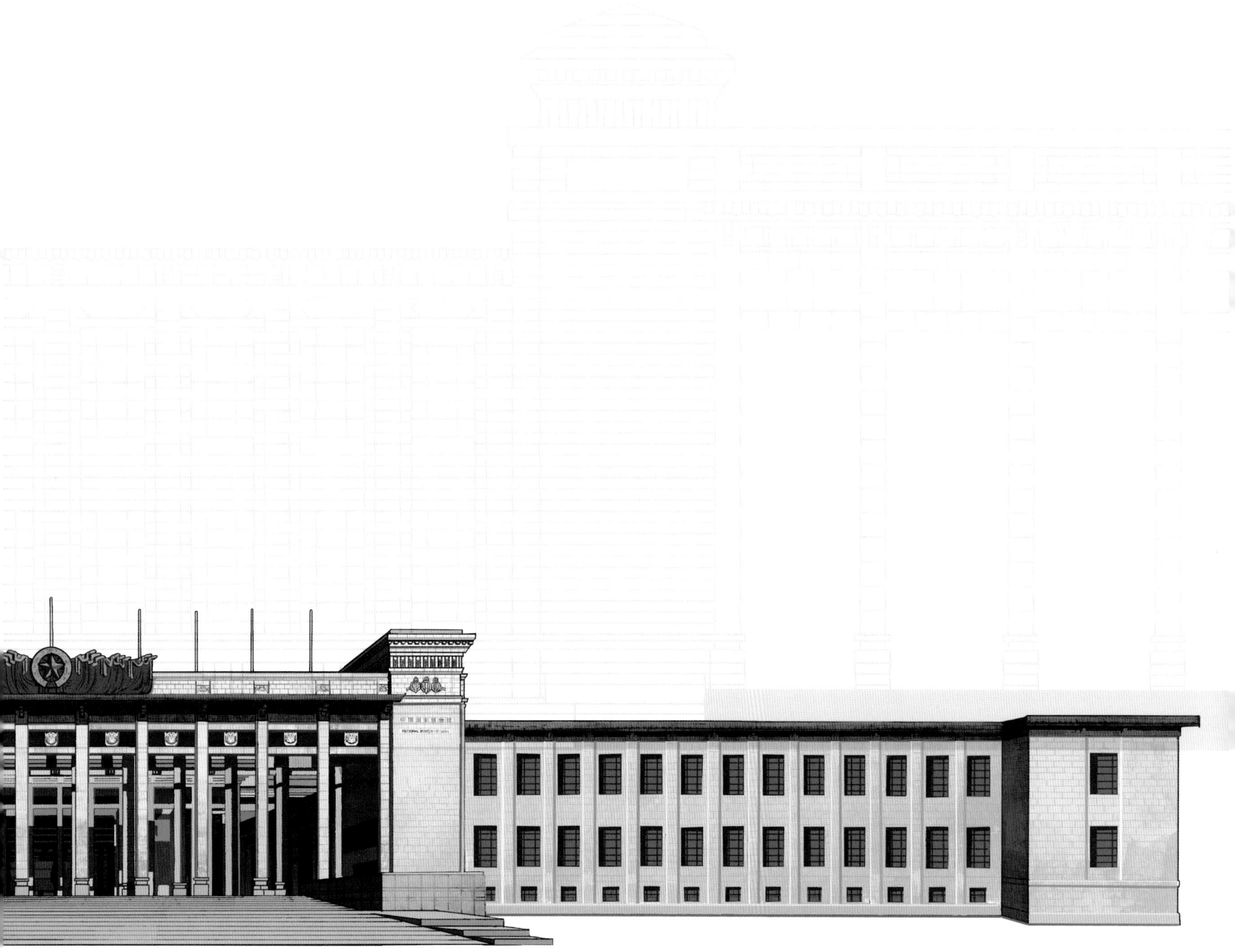

花岗岩饰面

琉璃屋檐

黄绿两色琉璃砖屋檐为整个立面增加民族风格。

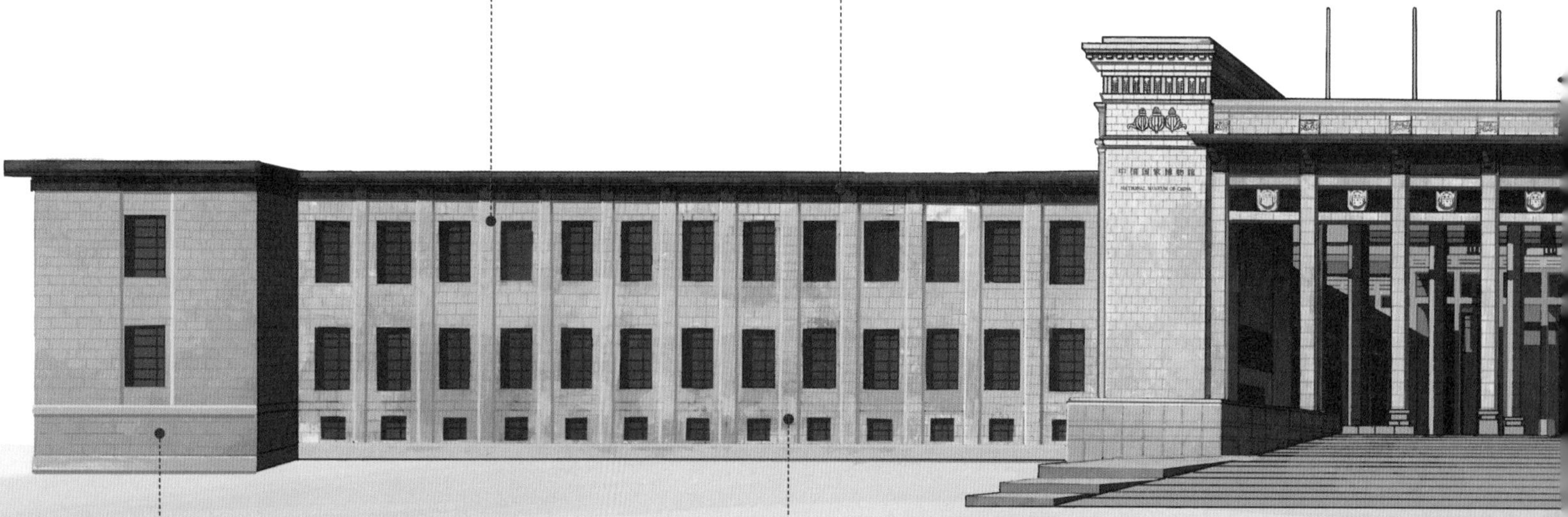

基座

建筑主体造型分两段处理，以化解巨大的体量感。最下层以实墙面为主，处理为整座建筑的“基座”。

隐形柱廊

建筑西立面的南北两侧采用浮雕式柱廊，延续了中央柱廊的秩序，使整座建筑看起来不仅庄严统一，而且富有韵律和变化。

主入口双层柱廊

建筑正中央为24根海棠角方柱组成的11开间的空廊，作为枢纽空间连接大台阶和内部展厅。柱廊挺拔通透，宏伟壮观，即使半个世纪过去，仍然极具空间感染力。

门墩

在建筑中央入口两侧各有一个高39.88米的门墩，显示出整座建筑的中轴线和庄严的气势。

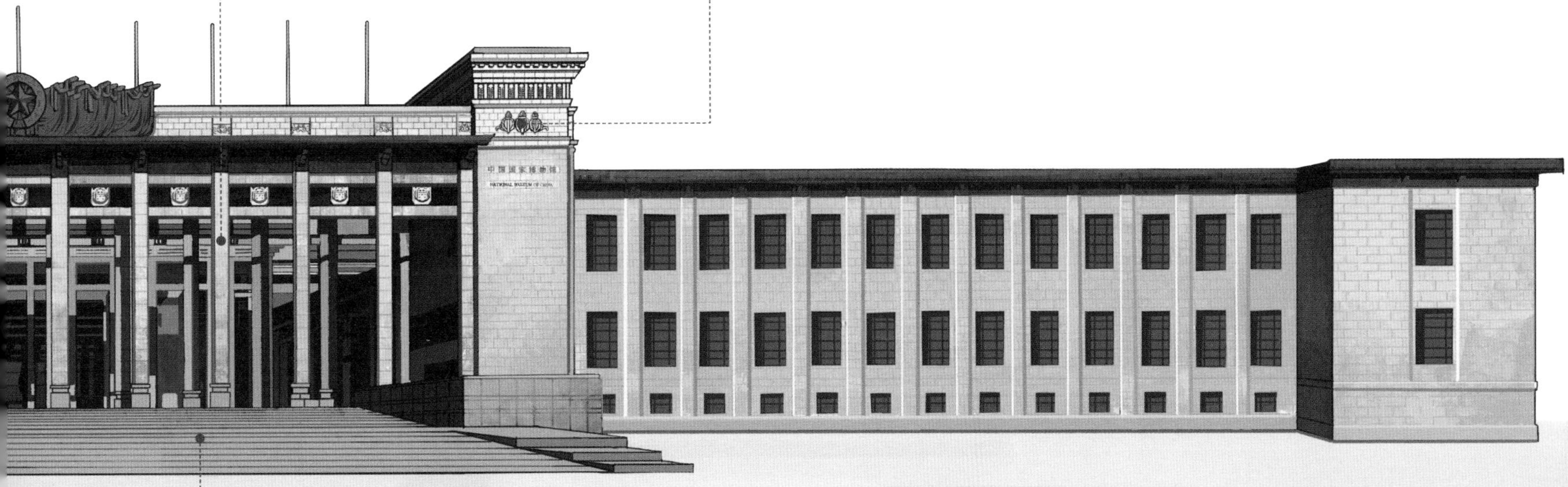

主入口大台阶

22级，104米宽，花岗岩材质。

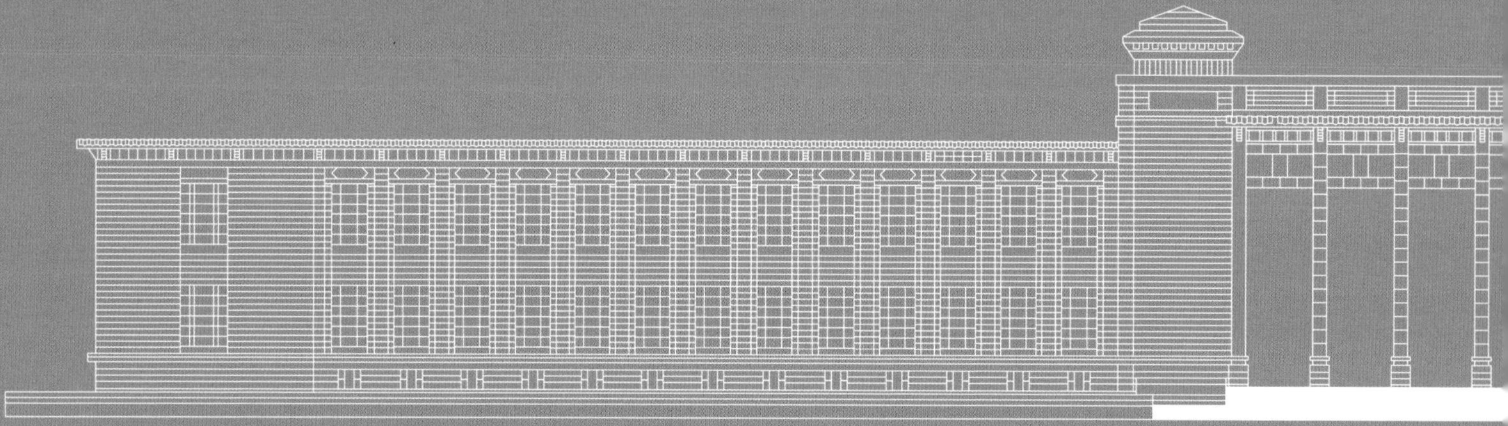

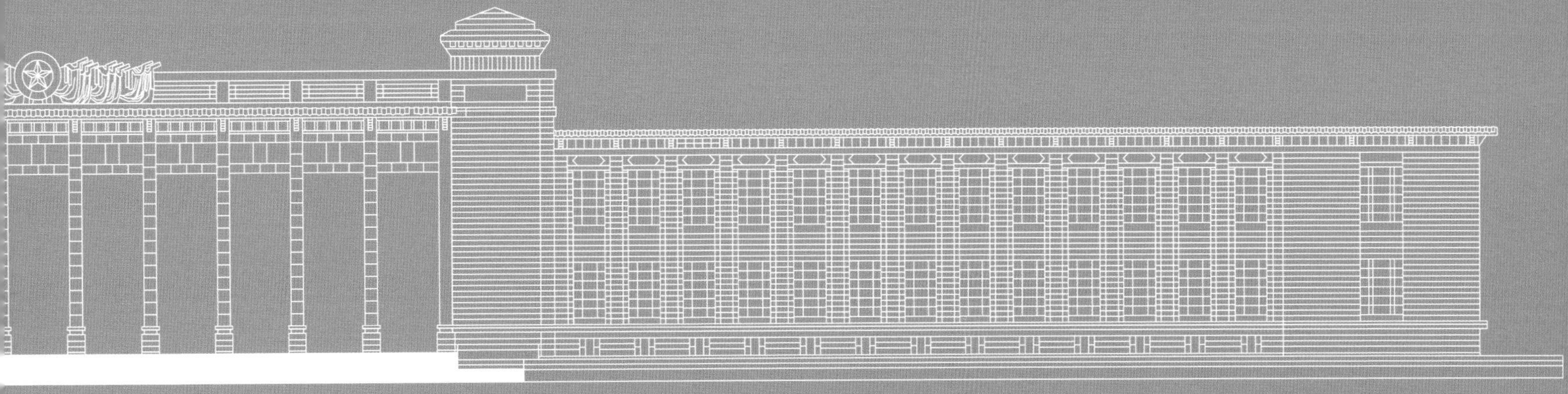

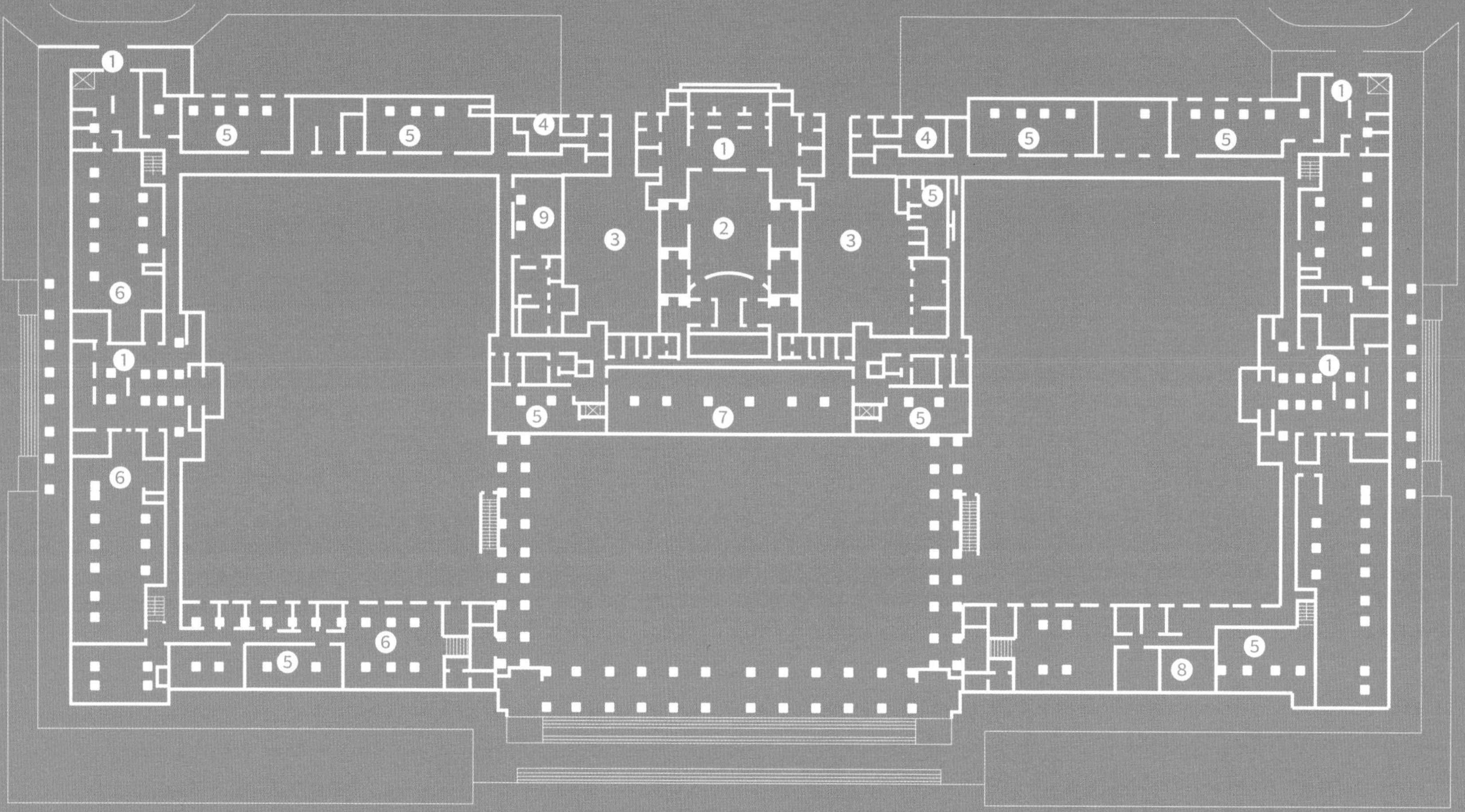

一层平面图

1.门厅
2.讲堂
3.天井
4.工作室
5.机房
6.储藏室
7.藏品库
8.资料库
9.餐厅

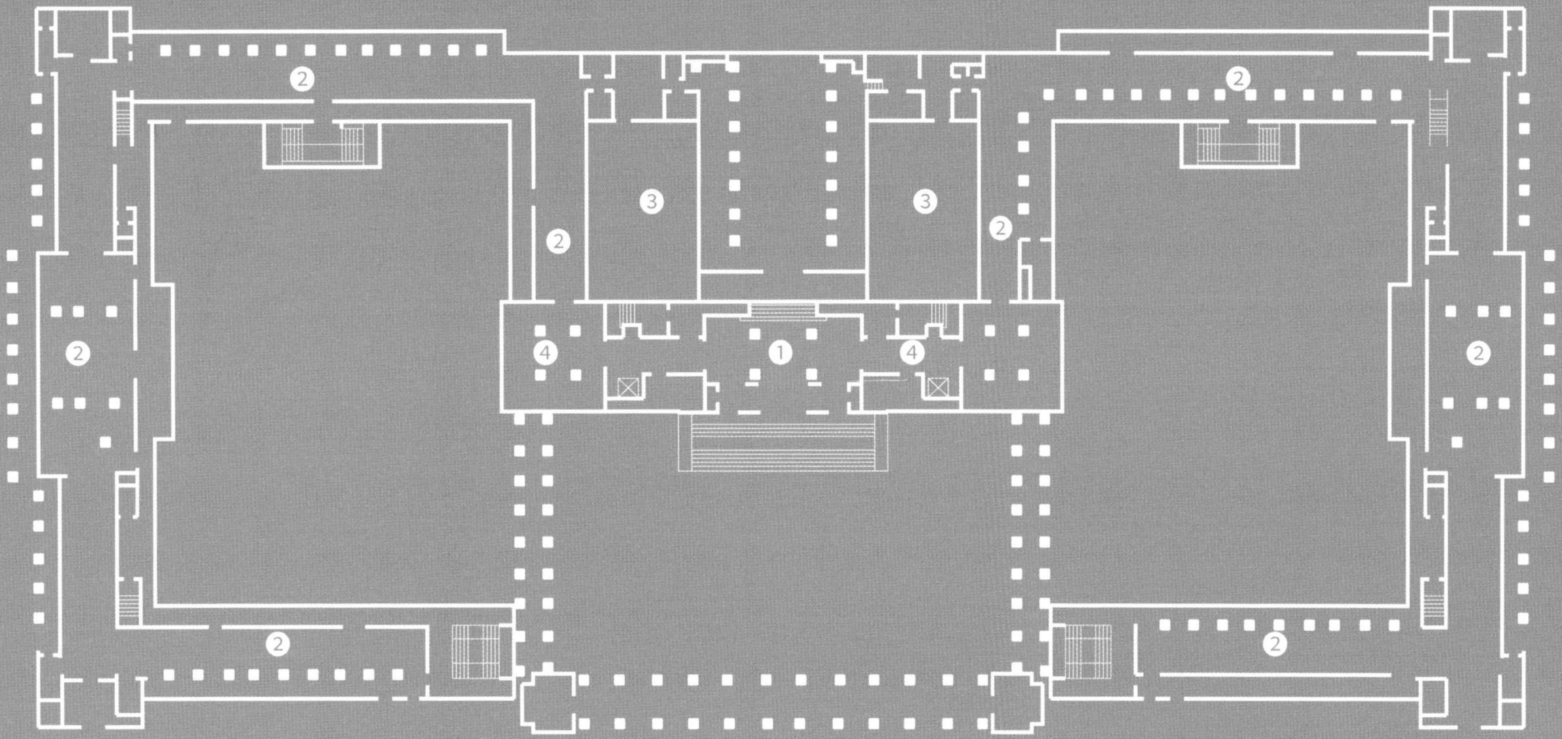

二层平面图

1.门厅
2.陈列室
3.天井
4.序幕厅

人民大会堂

东大门

东大门是万人大会堂的主要出入口，采用大理石柱廊，并加大了正中间开间的宽度，形成气势雄伟、开阔壮丽的大国会堂。

墙面

淡黄色花岗岩石材墙面。

琉璃屋檐

黄绿相间的琉璃屋檐。

人民大会堂是全国人民代表大会举行的场所，也是全国人大的核心办公地，同时也肩负着举行国家重要外交、政治、文化活动的任务。这样重要的一座建筑，在 1959 年只用了 10 个月便建成使用，周恩来总理指导从设计到建造的整个过程，他曾评价说这个建筑远超我国原有同类建筑的水平，而且在世界上也属于一流的。

人民大会堂的核心功能围绕“人民”二字展开，在设计之初，就将万人大会堂、千人宴会厅以及人大办公作为必要的功能需求，围绕这些需求，展开设计。在当时，整个的天安门广场还是一片空白，周围的重要建筑同时在进行规划和设计，全国各地的专家参与其中，根据单体建筑和整座广场同时规划的现实，提出了 200 多种平面立面方案，在党中央“不分古今中外兼容并蓄，一切精华尽归我用”的英明方针指引下，最终形成了今天我们所看到的大会堂建筑和广场格局。

台基

微红色花岗石台基。

人民大会堂

The Great Hall of the People

位置：北京天安门广场西侧
年代：1958年设计，1959年竣工
规模：占地面积15万平方米，建筑面积17.18万平方米
类型：现代公共建筑

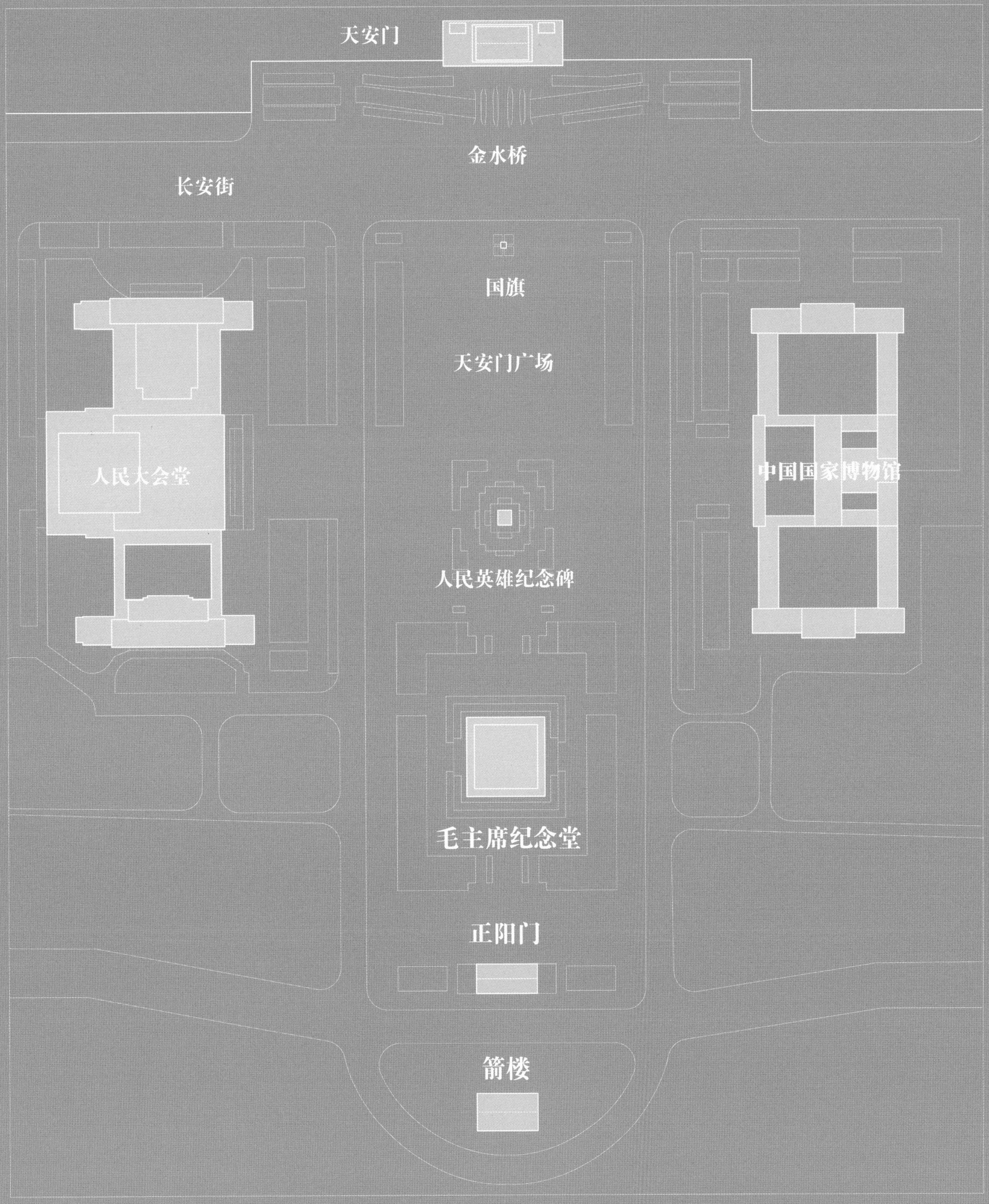
天安门
金水桥
长安街
国旗
天安门广场
人民大会堂
中国国家博物馆
人民英雄纪念碑
毛主席纪念堂
正阳门
箭楼

中国美术馆

中国美术馆

National Art Museum of China

位置：北京市东城区五四大街1号
年代：始建于1958年，1963年正式开放
规模：主楼建筑面积约1.8万平方米
类型：现代公共建筑

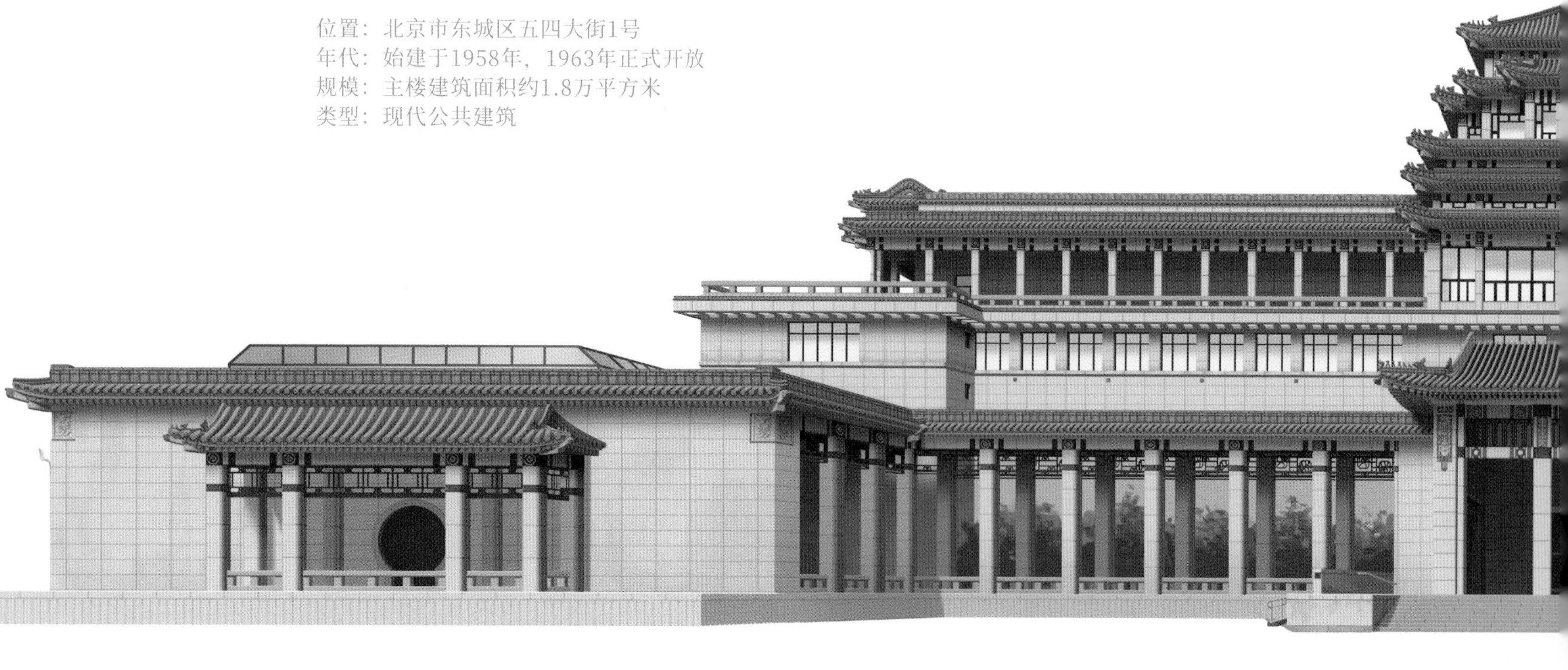

中国美术馆位于老北京城的中心，紧邻故宫和景山，始建于 1958 年，也是当时的“十大建筑”之一。设计者戴念慈从实际国情出发，提出了建筑设计应遵循“适用、经济、美观”的原则，后来这三个词被当作全国民用建筑设计的指导方针。中国美术馆就是在这一背景下展开设计的。

在北京，和中国美术馆看起来风格类似的建筑有很多，但大多不具备同样的品质。在中国的现代建筑发展历程中，新建筑应怎样呼应悠久的传统，从来都是一个不可回避的问题，几代建筑师也为此做了非常多的努力和实践。中国美术馆的设计遵循了“适用、经济、美观”的原则，同时也很好地呼应了传统风格，是一个经典范例。

中国美术馆的建筑特点

中国美术馆主楼建筑面积约 1.8 万平方米，包含展览、办公和收藏等功能，内部空间布局紧凑、科学合理。这个建筑由于紧邻皇城，又是国家最重要的艺术殿堂，因此，在外观设计上，文体大楼为仿古阁楼或建筑，具有鲜明的民族建筑风格，使体量巨大的现代美术馆完全融入了周围的环境。

中国美术馆这座建筑最精彩的部分是它的外观设计。首先，整体来看，中国美术馆借鉴了敦煌莫高窟的构图形式，采用横向三段式格局，中轴线的主楼向外凸出，类似于莫高窟正中的九层飞檐的造型语言，层层飞檐重叠错落，产生极强的韵律感。在中央两侧，则沿水平方向展开，一层和三层采用柱廊，通过制造阴影，增强建筑的立体感。其次，中国美术馆在材料和色彩的选用上，也遵照传统，采用金色琉璃瓦和米色面砖。层叠的屋顶飞檐全部用金色琉璃瓦覆盖，在阳光下熠熠生辉，与旁边的故宫、景山、北海交相辉映。最后，中国美术馆中间四层采用了中国古典楼阁式的屋顶，与正门廊和侧面门廊采用的几个中国式棚屋顶相呼应，增强了民族风格。在新中国成立之初的一段时间，专家和政府对古城北京的建筑风格产生了一些摇摆，“大屋顶”风格就是这个时期的产物。

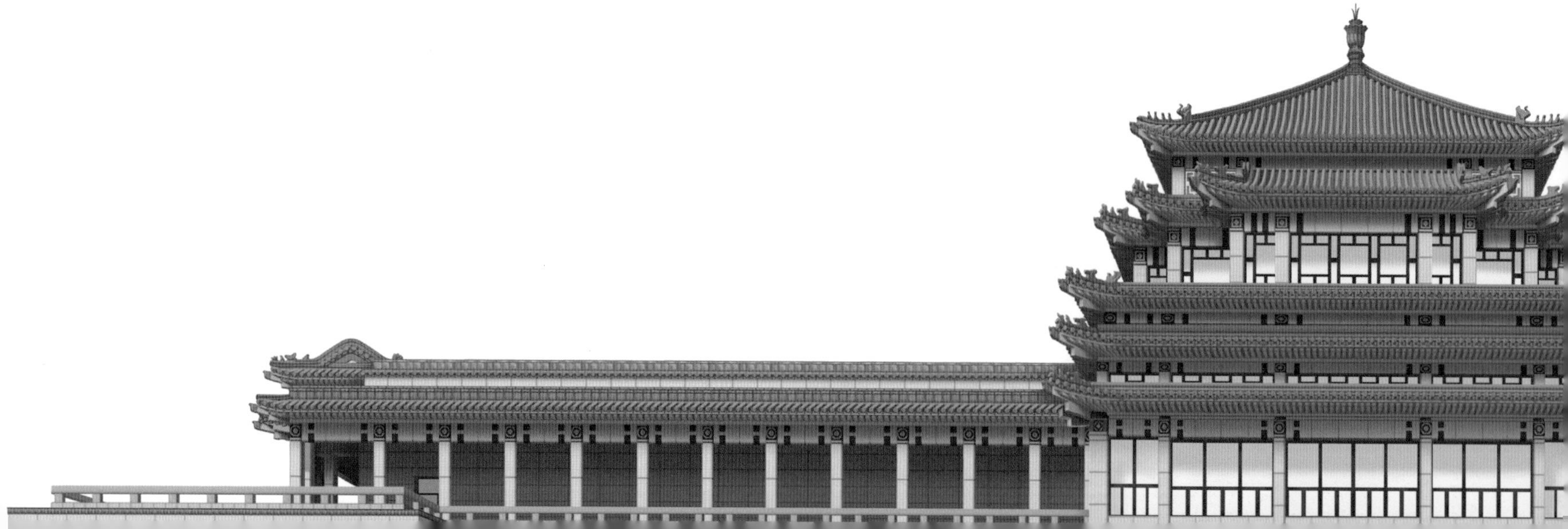

在今天北京西边的三里河一带，可以看到很多建于那个时期的行政办公建筑，不管主体风格如何，全部带有硕大的琉璃瓦坡顶，使建筑整体关系很不协调。但中国美术馆的屋顶虽然也可以归为“大屋顶”，但要高级得多。原因就是设计者戴念慈认真推敲了尺度和比例，并不是简单地为建筑扣一顶帽子。

中国美术馆的屋顶随建筑体量被分为了三个水平向的层次，第一层次是首层外廊的顶，凸出于建筑主体之外，且存在宽窄和方向上的变化。第二层次是二层的顶，其为平顶且没有铺设琉璃瓦。第三层次是三层的顶，也就是建筑最高的屋顶，这层的处理和首层类似，也有水平和高度的变化。所以，中国美术馆的屋顶可以说是一个从实际需求出发，参照民族风格，在色彩、比例和韵律上经过了严格的推敲，所形成的具有民族现代性的高质量设计。

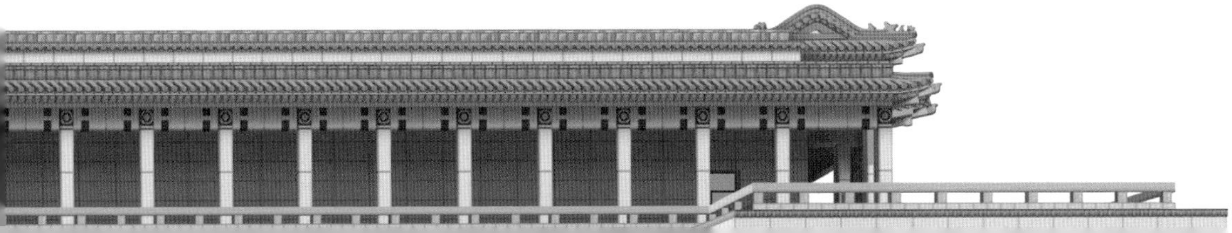

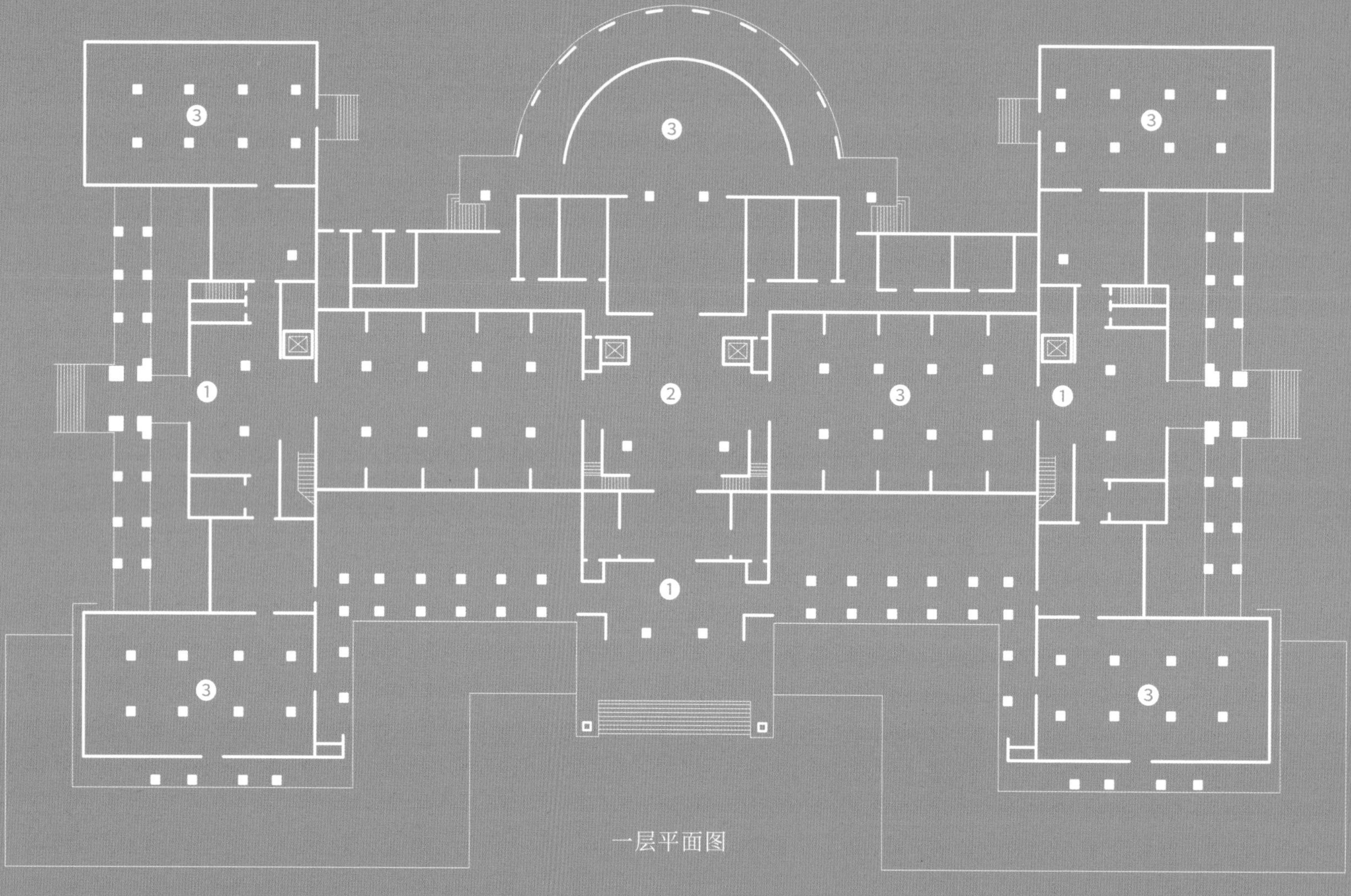

一层平面图

1.门厅
2.大厅
3.展厅

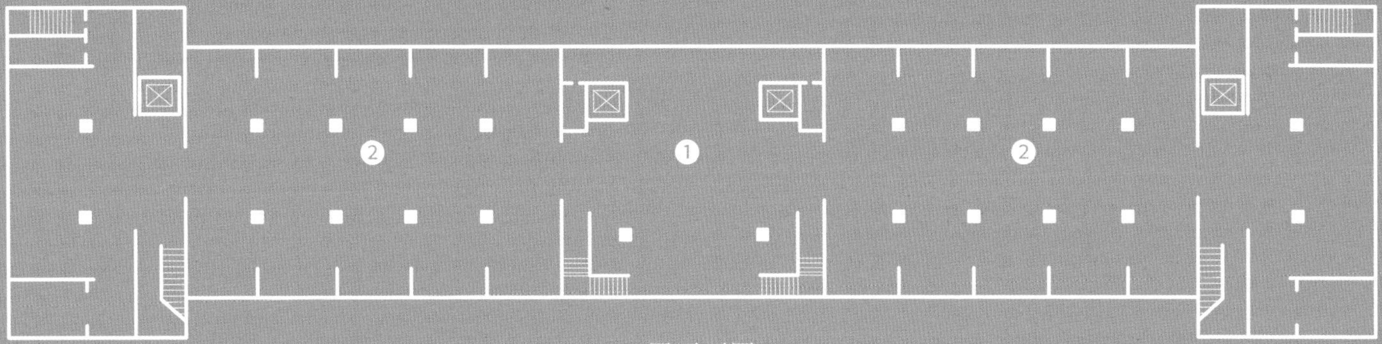

二层平面图

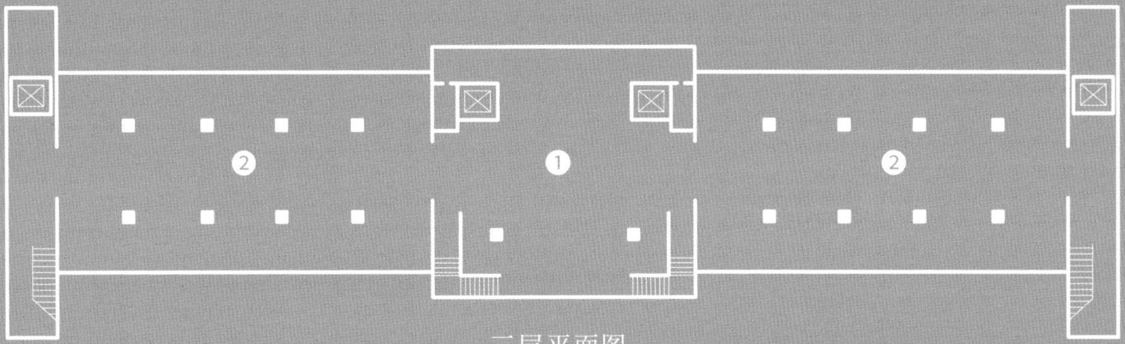

三层平面图

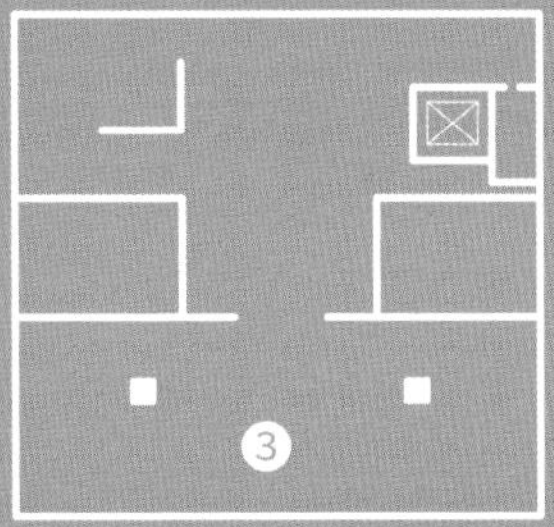

四层平面图

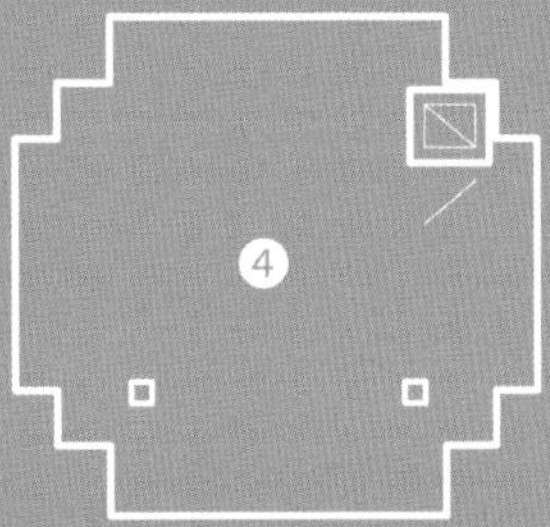

五层平面图

1.大厅
2.展厅
3.办公室
4.藏宝阁

北京电报大楼

在 20 世纪 50 年代，电报是实现远距离快速通信的重要手段。因此，新中国成立初期在西长安街北侧，设计建造了电报大楼。在当时，从功能上来说，这座建筑是我国和国际联络通信的枢纽。

从建筑设计上来说，这座顶部设有四面钟楼的浅黄色面砖建筑，在建成后就直接成为北京的地标。经过半个世纪的变迁，长安街两旁的建筑新老更替，新建筑所展现的巨大体量和现代材料塑造了长安街新的街道形象，在众多新建筑的映衬下，电报大楼的朴素和沉稳显得更为夺目，似乎它才是这条街道真正的主角。

实际上，新中国成立初期的很多建筑，在今天看来仍然具有极高的品质，电报大楼就是一个典型代表。它并不像中国美术馆那样拥有绚丽的造型，也不像人民大会堂那样拥有至高的政治地位，但简洁的造型和考究的细节，使它同样可以经受时间的考验而愈发不可替代。

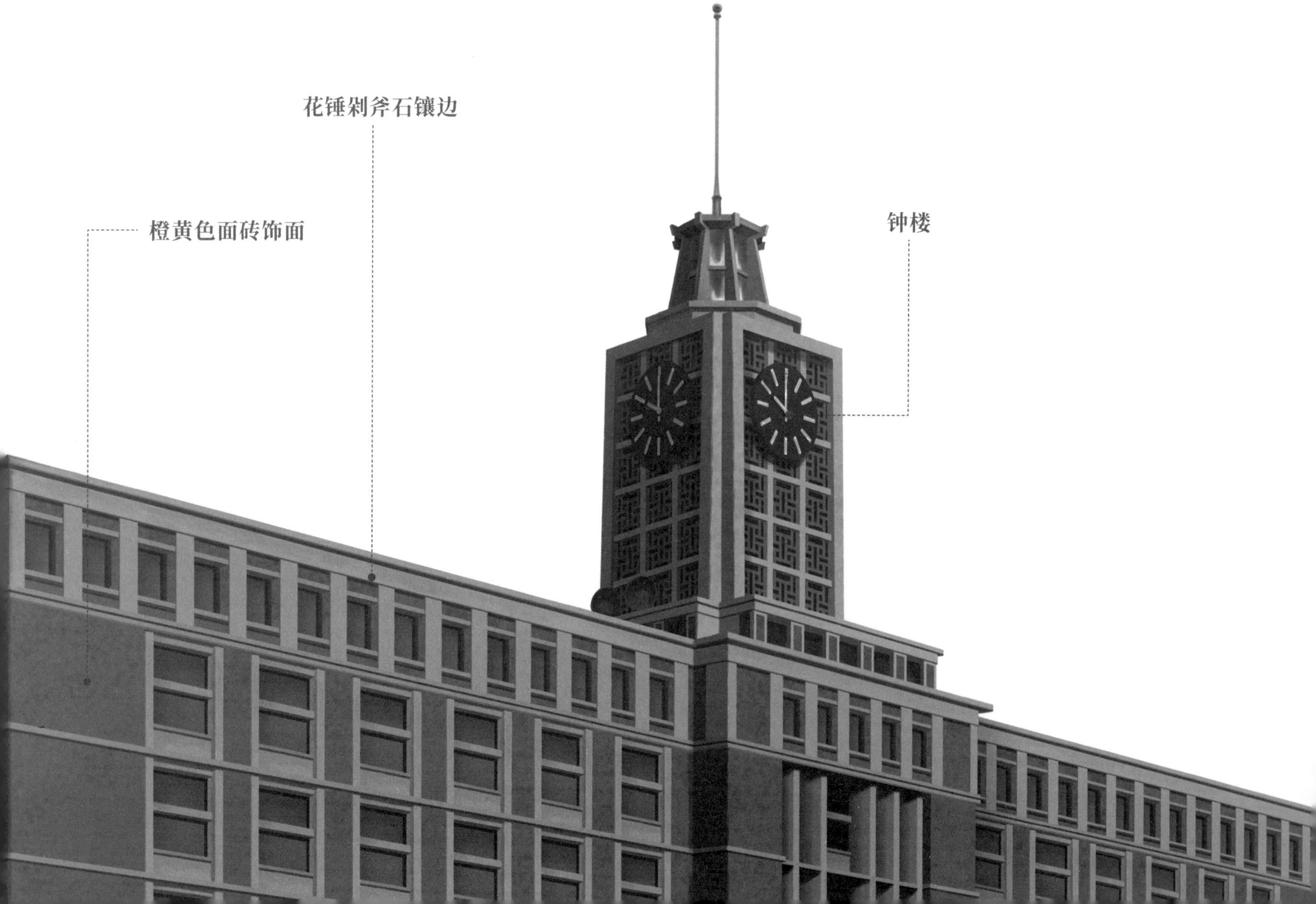

北京电报大楼的建筑特点

北京电报大楼所使用的砖立面，是中国现代建筑早期发展中的一个重要潮流。浅黄色面砖和乳白色花岗岩的搭配，在色彩和比例上也非常协调。可以说，即使在今天，电报大楼仍然可以达到应用此类材料建筑的最高水准。

另外，北京电报大楼三段式的立面，比例非常讲究，看起来端庄大气、和谐统一，这种整体的比例关系辅以丰富的窗洞变化，使整座建筑接近一种无可挑剔的极为舒适的视觉形象。好的建筑都有一个共同的特点，那就是不会因时代变迁而没落。在建成 60 多年后的今天，电报大楼本身的设计水准显然已经使它成了这种建筑，并将随时间一起蕴蓄经典。

北京电报大楼

Beijing Telegraph Building

位置：北京市西长安街11号
年代：始建于1956年
规模：占地面积3800平方米，
建筑面积约2万平方米
类型：现代公共建筑

北京站

北京站

Beijing Railway Station

位置：北京市东城区东便门
年代：1959年北京站新站建成
规模：占地面积25万平方米，建筑面积8万平方米
类型：现代公共建筑

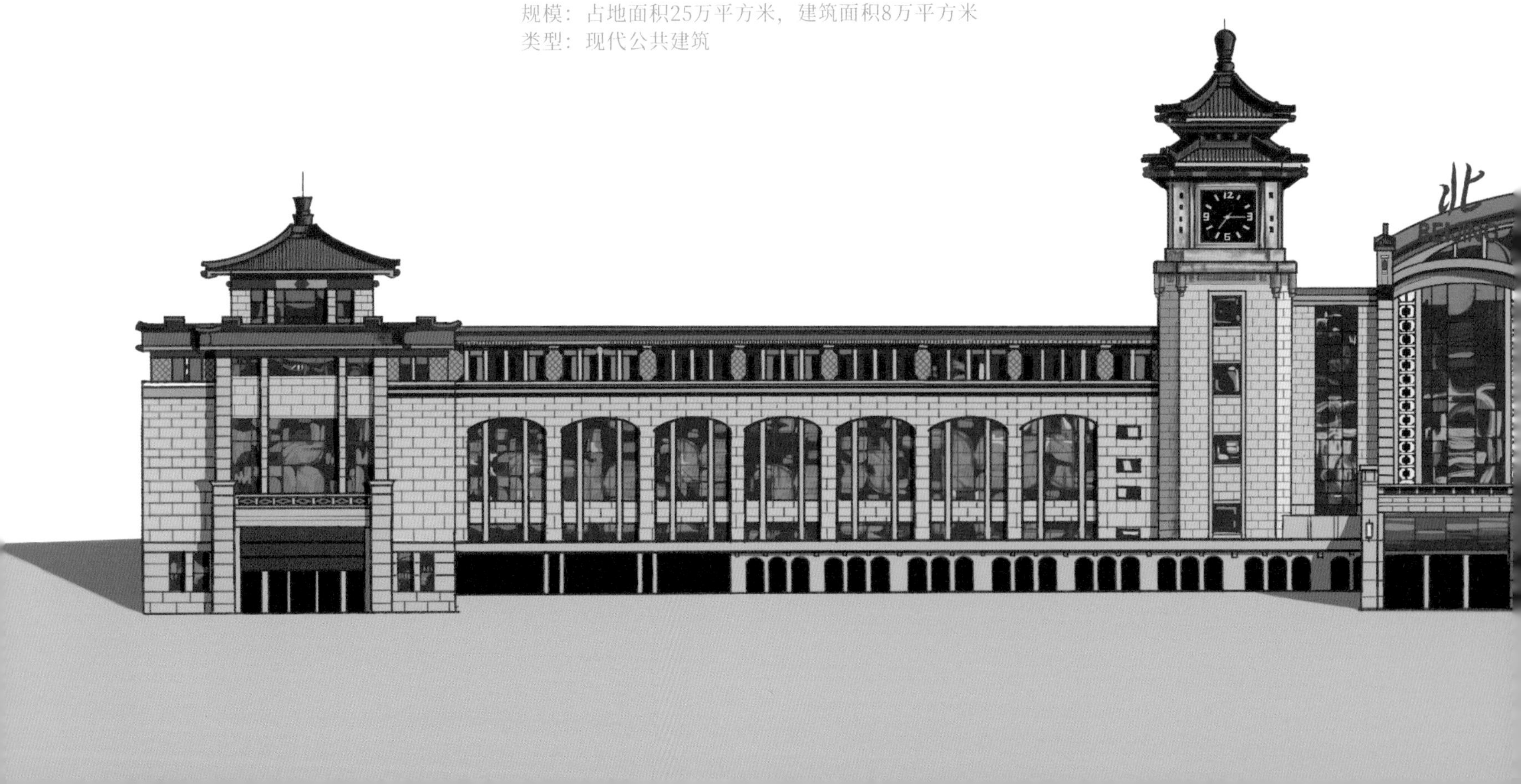

在 2010 年左右中国进入高铁时代之前，北京站和北京西站，是北京最主要的两个火车站。而 1959 年就建成运营的北京站，则是当时全国重要的火车站。新中国成立以后，北京站是第一座中国人自己独立设计和建造的火车站，在建筑设计上体现了当时最先进的设计理念和生产技术，布局安排也非常适应当时社会的需求。

因此，北京站作为现代重要的公共建筑代表也编入本书，帮助读者对中国建筑的发展有更全面的了解。

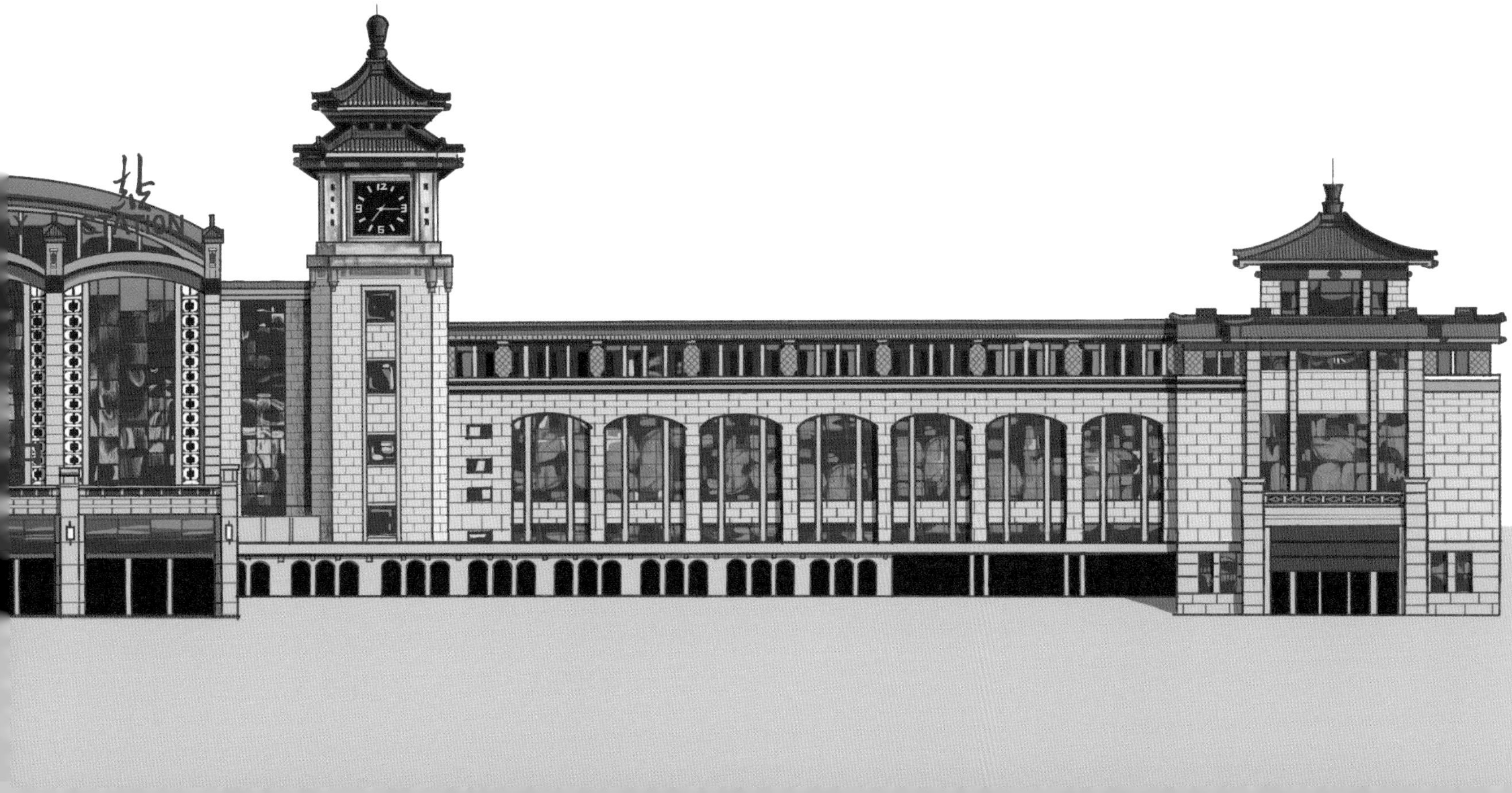

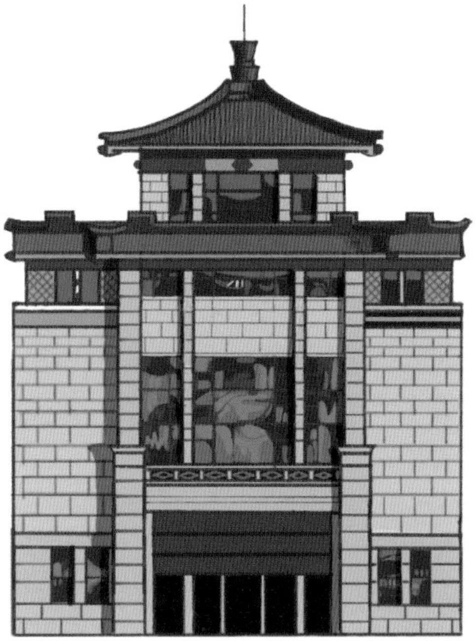

北京站的建筑特点

北京站的广场设计极具前瞻性。在 20 世纪 50 年代城市发展充满未知和建筑设计基本没有可以借鉴的先例的情况下，设计者在北京站的建筑主体之前，设置了两万多平方米的广场空间，目的是为了引导客流有序进出站。

直到今天，客流增加百倍，这个广场仍然在发挥巨大的作用，进出站客流井井有条，虽然增加了许多新的商业空间，也并没有使广场显得局促。对现代建筑来说，灵活性和可能性是很重要的一方面，北京站的前广场是这方面的典范。

除了广场，北京站主体建筑的两座钟楼也是点睛之笔，可以让旅客更清晰地了解时间和方向。而且，两座钟楼定义了建筑的功能分区，钟楼之间是进站口和候车大厅，钟楼两侧，则是售票和出站等辅助功能。这种用建筑体量合理安排功能的方式，是建筑学的基本原理之一，和现在过于注重造型的风气相比，那个时代的设计手法是多么的朴素和实用。

钟楼的顶，也适当借鉴传统的“攒尖”形式，在不影响整体现代性的同时，体现了民族特色。而车站的内部空间，也有很精彩的设计。进入建筑首先是一个通高到顶的大厅，被一个跨越四周的翘体结构所覆盖，这是整座建筑的枢纽空间，大厅的四周是分布于上下两层的候车室，旅客在大厅中可以快速找到自己的列车车次信息以及所对应的候车室。这种简单清晰的空间布局，对于交通建筑来说，是非常重要的。

一座建筑，往往只需要处理好一些非常基础的设计原理，就可以具备很高的品质，但实现起来并不容易。建成至今 60 多年仍然井井有条且发挥巨大作用的北京站，就是这样一个高品质的好建筑。

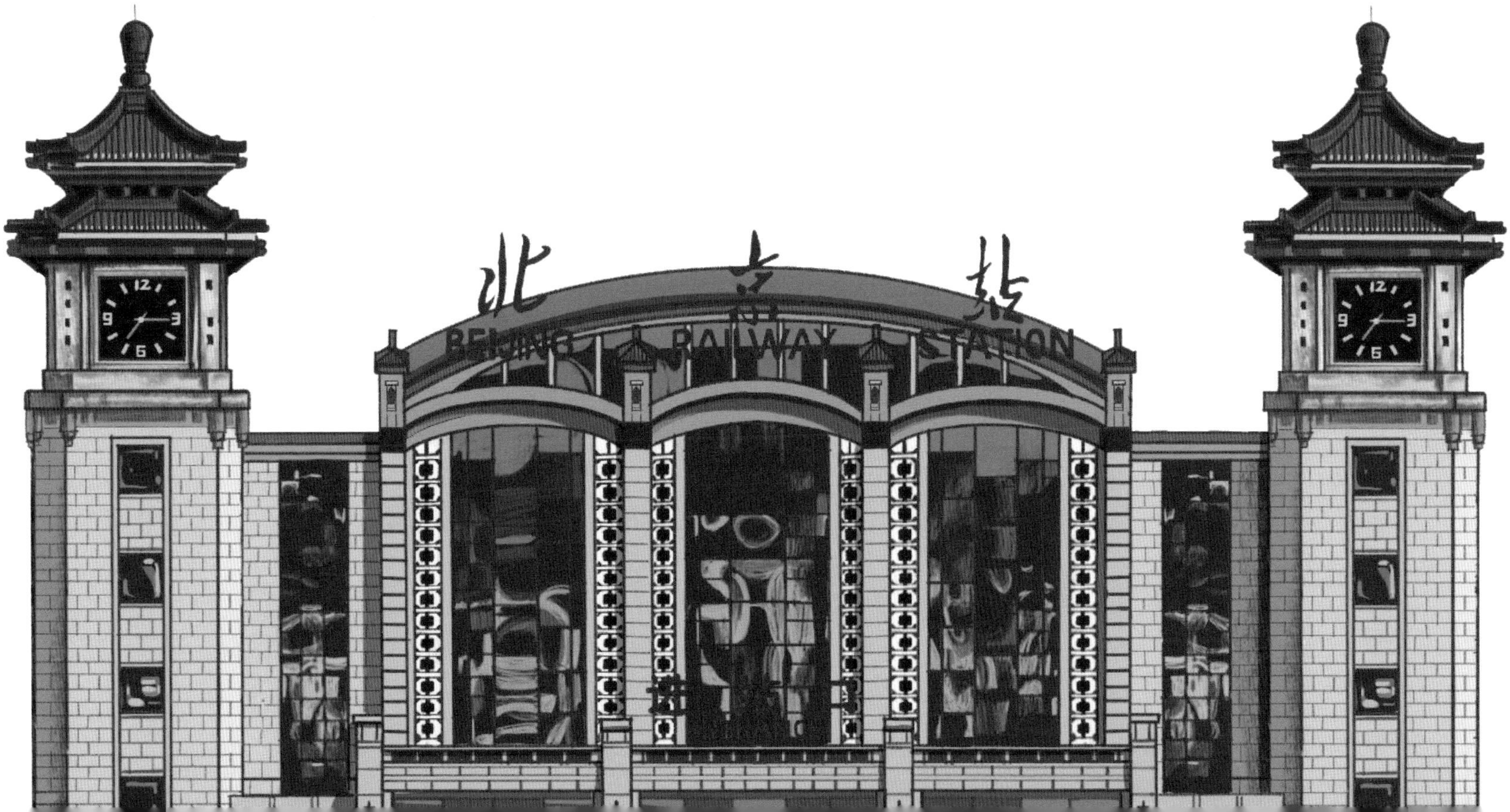

题字

毛主席于1959年为北京站题写站名，北京站是全国唯一由毛主席题字的火车站。

站前广场

约4万平方米，在20世纪50年代这一大尺度的广场设计非常超前，使得其在今天面对数倍于当时的客流和车流，仍然可以发挥疏导作用。

出站口

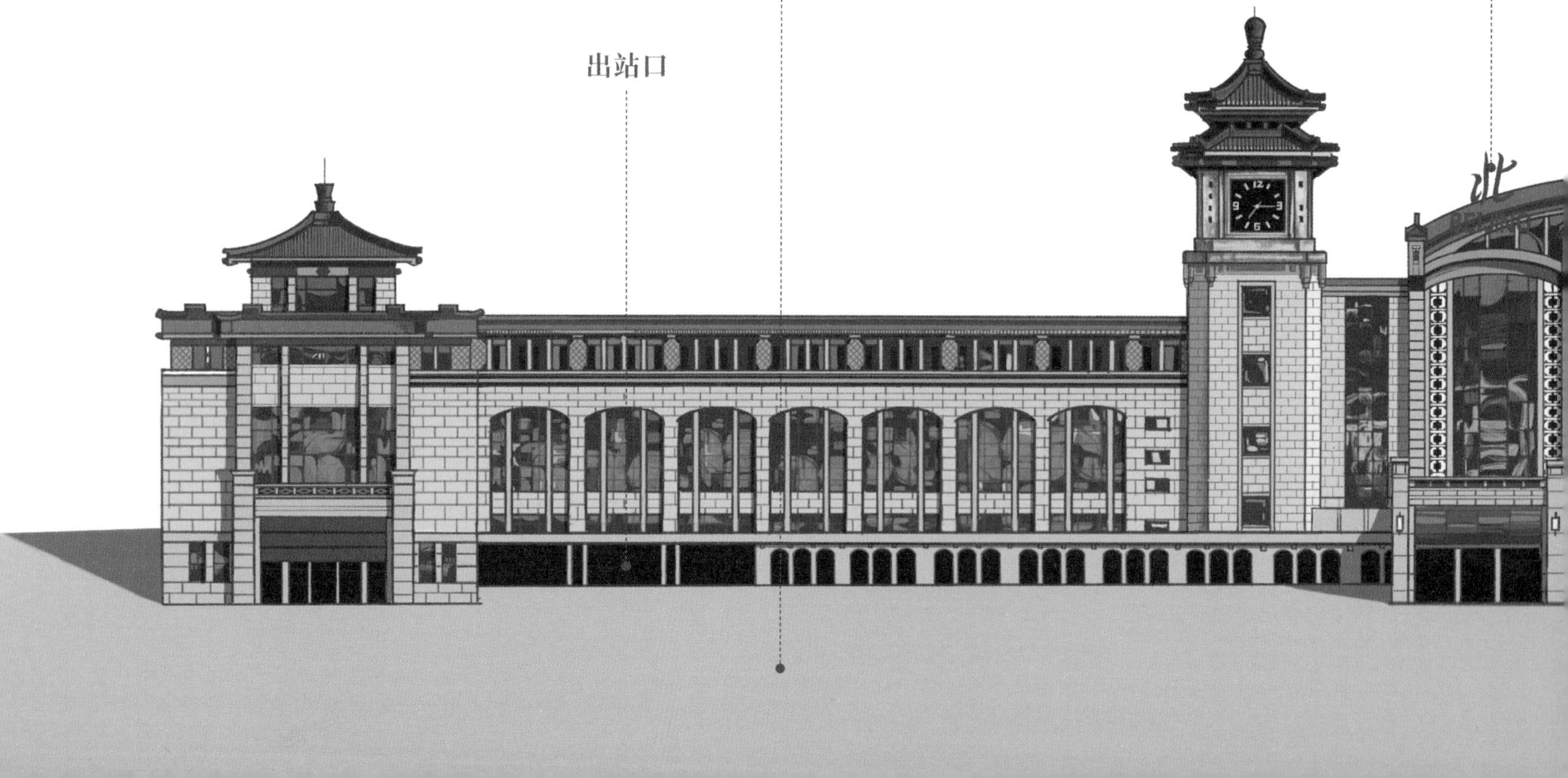

双曲薄壳顶

覆盖进站大厅的顶部结构采用双曲薄壳顶，尺寸为35米 × 35米，中央顶部的厚度最小仅为80毫米，靠近四周的壳体厚度增加至150毫米。这个双曲薄壳顶是当时国内最先进的技术典范。即使在今天看，这种形式、空间与结构的完美统一也是难以被超越的建筑设计的经典案例。

高大玻璃窗

进站口正上方的通高玻璃窗为内部的进站大厅带来良好的采光。

钟楼

北京站有两座钟楼，高度为47.9米。每座都是镶嵌着大理石面的四面大钟。每个钟面4米见方，大、小针分别长1.9米和1.6米，每天早上7点到晚上9点，它都在正点时分播放《东方红》，乐曲声伴随着清脆的钟声成为北京站无形的标志。

周恩来总理认为两个钟楼的优点是可以让从四面八方赶来的旅客都能清晰地看到时间。

两侧角楼

北京站东西两端设计有两个角楼，高29米。这两个角楼在最初的方案中是没有的，因周总理认为“主体建筑两侧似乎显得空了一些”而特意增加。从完成效果来看，这两个角楼无疑增加了整座建筑的完整性和民族风格。

进站口

进站口被塑造成新中国成立后的“第一国门”的形象，连接着外部广场和内部34米高，1.4万平方米的进站及候车大厅。在建成之初，进站大厅与西侧售票厅相连。

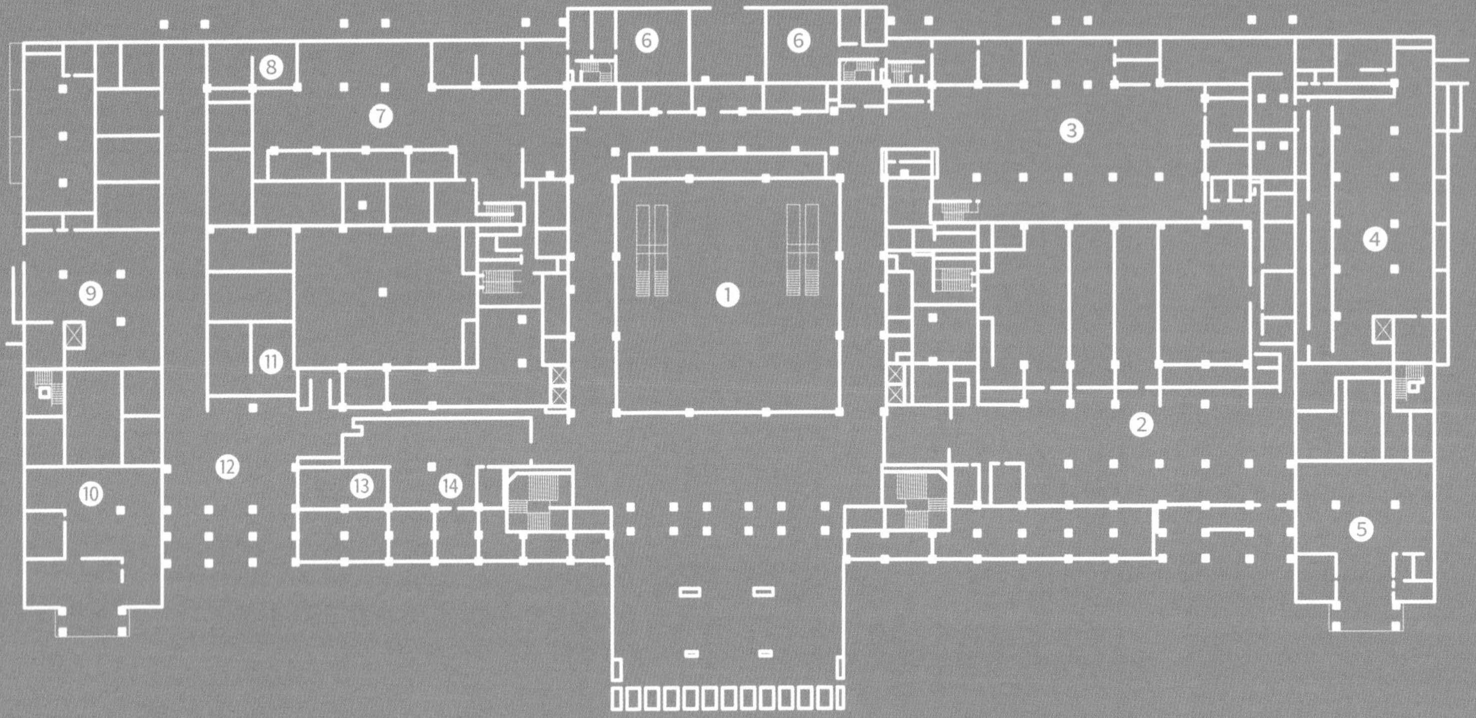

一层平面图

1.进站大厅
2.售票大厅
3.团体旅客候车厅
4.发送行包库
5.市郊旅客厅
6.贵宾厅
7.国际列车候车厅
8.专运办公室
9.到达行车仓库
10.行包提取厅
11.出站地道出口
12.出站大厅
13.失物招领处
14.补票处

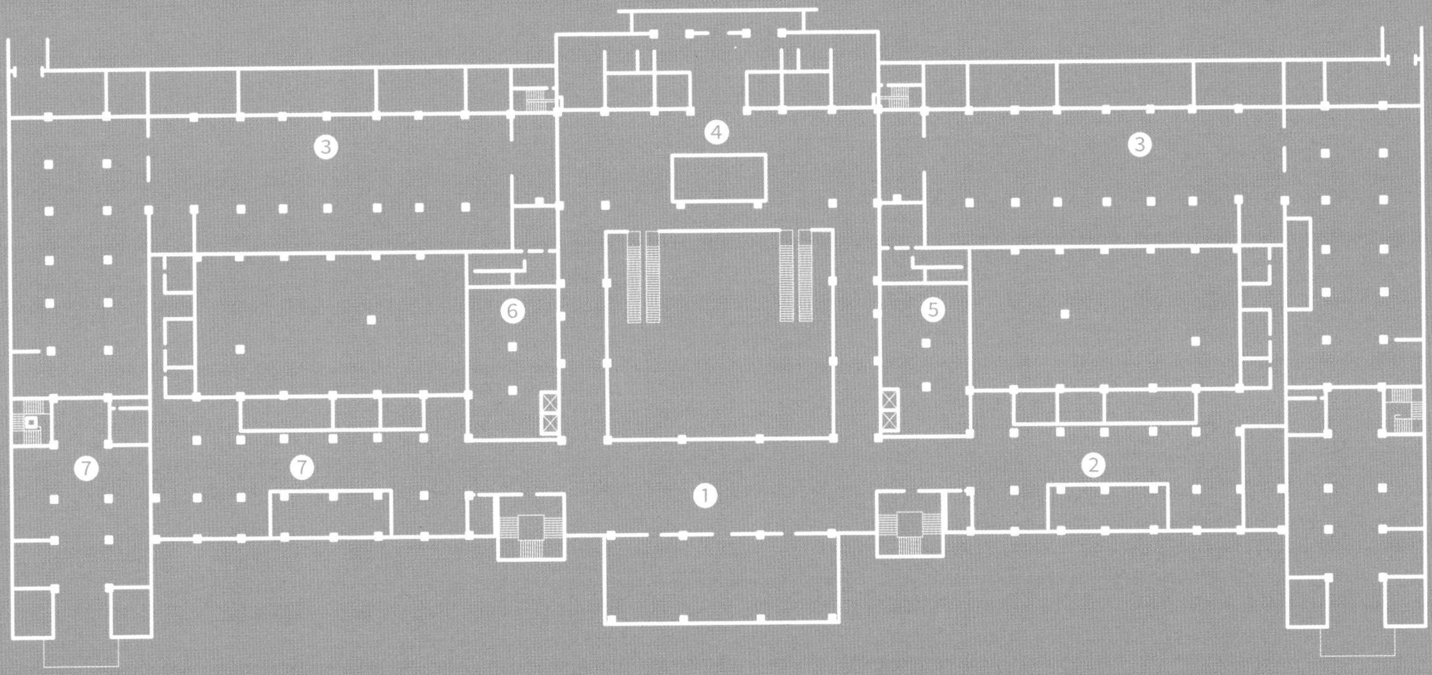

二层平面图

1. 书店
2. 餐厅
3. 普通候车厅
4. 二层进站大厅
5. 军人候车厅
6. 母子候车厅
7. 中转旅客休息室

参考文献

[1] 童寯 . 论园 [M]. 北京 : 北京出版社， 2016.

[2] 童寯 . 东南园墅 [M]. 北京 : 中国建筑工业出版社， 1997.

[3][明] 计成 . 园冶注释 [M]. 北京 : 中国建筑工业出版社， 1988.

[4][宋] 李诫 . 营造法式 [M]. 方木鱼，译注 . 重庆 : 重庆出版社， 2018.

[5] 梁思成 . 梁思成全集第七卷 [M]. 北京 : 中国建筑工业出版社， 2001.

[6] 梁思成 . 宋营造法式图注 [M]. 北京 : 五洲传媒出版社， 2022.

[7] 梁思成 . 图像中国建筑史手绘图 [M]. 北京 : 新星出版社，2015.

[8] 梁思成 . 清式营造则例图版 [M]. 北京 : 五洲传播出版社， 2020.

[9] 梁思成 . 拙匠随笔 [M]. 北京 : 百花文艺出版社，2005.

[10] 傅熹年 . 中国古代建筑概说 [M]. 北京 : 北京出版社， 2016.

[11] 竺可桢 . 天道与人文 [M]. 北京 : 北京出版社， 2011.

[12] 王澍 . 造房子 [M]. 长沙 : 湖南美术出版社， 2016.

[13] 王澍 . 设计的开始 [M]. 北京 : 中国建筑工业出版社， 2002.

[14] 王澍 . 虚构城市 [D]. 同济大学，2000.

[15] 王其亨 . 风水理论研究 [M]. 天津 : 天津大学出版社， 2005.

[16] 闫寒 . 建筑学场地设计 [M]. 北京 : 中国建筑工业出版社， 2006.

[17][清] 恽寿平 . 南田画跋 [M]. 杭州 : 浙江人民美术出版社， 2017.

[18][宋] 郭熙 . 林泉高致 [M]. 杭州 : 浙江人民美术出版社， 2018.

[19][五代] 荆浩 . 笔法记 [M]. 杭州 : 浙江人民美术出版社， 2018.

[20][南] 宗炳 . 画山水序 [M]. 北京 : 人民美术出版社， 1985.

[21][宋] 沈括 . 梦溪笔谈 [M]. 上海 : 上海古籍出版社， 2013.

[22] 陈桥驿 . 水经注论丛 [M]. 杭州： 浙江大学出版社，2008.

[23] 张舜徽 . 四库提要叙讲疏 [M]. 台北： 台湾学生书局，2012.

[24] 林语堂 . 生活的艺术 [M]. 长沙 : 湖南文艺出版社， 2018.

[25] 林语堂 . 吾国与吾民 [M]. 长沙 : 湖南文艺出版社， 2018.

[26] 刘敦桢 . 中国住宅概说 [M]. 北京 : 百花文艺出版社， 2004.

[27] 李乾朗 . 穿墙透壁剖视中国经典古建筑 [M]. 广西 : 广西师范大学出版社， 2009.

图书在版编目（CIP）数据

博物馆里看文明 : 图解中国建筑 / 梁昊著 ; 欧阳星等绘 . -- 北京 : 电子工业出版社 , 2024.3

ISBN 978-7-121-46672-4

Ⅰ . ①博… Ⅱ . ①梁… ②欧… Ⅲ . ①建筑史 – 中国 – 图解 Ⅳ . ① TU-092

中国国家版本馆 CIP 数据核字 (2023) 第 219319 号

责任编辑：王薪茜
印　　刷：北京利丰雅高长城印刷有限公司
装　　订：北京利丰雅高长城印刷有限公司
出版发行：电子工业出版社
　　　　　北京市海淀区万寿路 173 信箱　　邮编：100036
开　　本：787 × 1092　1/12　　　印张：24　　字数：460.8 千字
版　　次：2024 年 3 月第 1 版
印　　次：2024 年 3 月第 1 次印刷
定　　价：138.00 元

凡所购买电子工业出版社图书有缺损问题，请向购买书店调换。若书店售缺，请与本社发行部联系，联系及邮购电话：（010）88254888，88258888。

质量投诉请发邮件至 zlts@phei.com.cn，盗版侵权举报请发邮件至 dbqq@phei.com.cn。
本书咨询联系方式：（010）88254161 ~ 88254167 转 1897。